COLLECTION

REGARDS SUR LA SCIENCE

LE MATIN DES MATHÉMATICIENS

1

Entretiens sur l'histoire des mathématiciens
présentés par Émile Noël

avec la participation de
Maurice Caveing, Jean Dhombres, Guy Beaujouan,
Guy Mazars, Jean-Claude Martzloff, Roshdi Rashed

BELIN France Culture

Édition Belin 8, rue Férou 75006 Paris

En couverture : Pythagore et Euclide personnifient l'Arithmétique et la Géométrie sur cette miniature du XIVe siècle. (*da* I Protagonisti, *Nuova CEI, Milano, 1978, vol. 1.*)

 ISBN 2-7011-0533-1 ISSN 0993-4812

TABLE DES MATIÈRES

PRÉFACE

Bien que l'homme moderne vive dans un monde de chiffres, de graphes, d'abstractions et qu'il fasse couramment des opérations qui étaient, autrefois, réservées à des spécialistes, les mathématiques ont encore une image terriblement rébarbative. Cependant, aujourd'hui plus que jamais, elles sont devenues indispensables au fonctionnement même de notre société.

Dès la plus haute antiquité, les mathématiques se sont imposées pour des raisons pratiques de contrôle commercial, d'échanges, d'évaluation des aires et des volumes. La mise en place d'un système de numération en découlait nécessairement. Pourtant, très vite, ces mathématiques se sont dégagées d'activités strictement pratiques pour s'orienter vers la logique et la spéculation pure, soit pour répondre à des aspirations métaphysiques, soit par simple exercice ludique d'agilité intellectuelle.

Ainsi, et de façon non linéaire, la pensée mathématique s'est peu à peu développée.

L'histoire des mathématiques ne tient pas une grande place dans l'enseignement, comme, plus généralement, l'histoire des sciences. Elle relève des Facultés des lettres ; son enseignement, en Histoire et Philosophie des sciences, s'adresse aux étudiants en philosophie et non aux étudiants en mathématiques. De fait, les histoires des mathématiques sont rares. Celles accessibles à un large public le sont encore davantage.

L'histoire des mathématiques est pourtant une excellente introduction à l'apprentissage des mathématiques elles-mêmes. En suivant l'itinéraire de la pensée, ses tâtonnements et ses percées, on facilite son cheminement propre : on aurait tort de croire que ce qui s'est passé à l'aube des mathématiques ne peut pas encore nous éclairer dans notre compréhension. C'est pourquoi ce livre propose un voyage chronologique, à partir des plus anciens documents babyloniens jusqu'au Moyen Age, voyage suivant les méandres de cette pensée, en compagnie de spécialistes éminents, historiens des mathématiques ou mathématiciens passionnés par l'histoire de leur discipline.

C'est au fil de leur parole que se déroule le voyage.

Ces entretiens ont été réalisés par France-Culture, leur transcription a conservé, dans la mesure du possible, le ton parlé, ce qui en rend la lecture plus vivante.

Ils ont été enrichis d'illustrations et de schémas explicatifs.

Émile NOËL

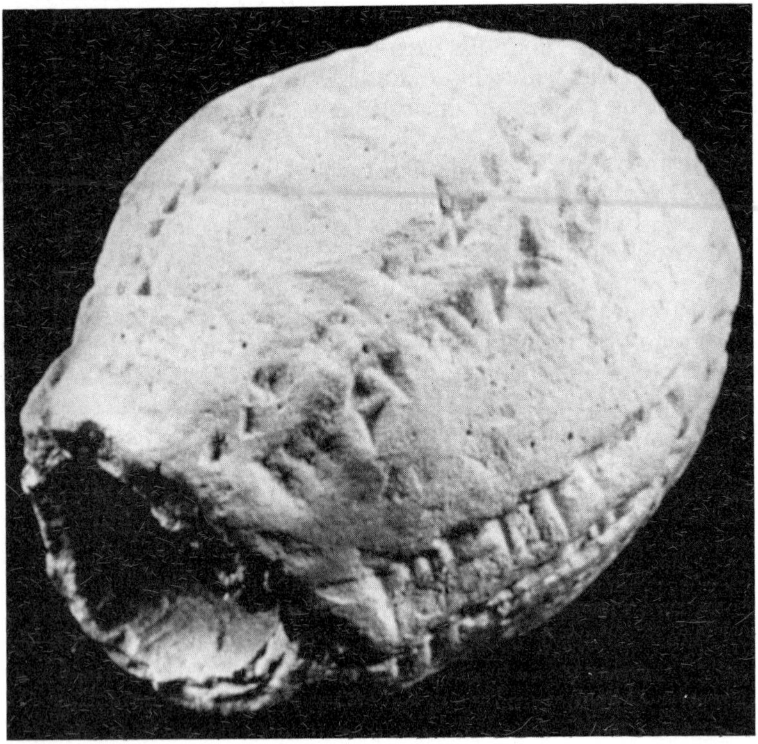

Cette tablette creuse ovoïde a été découverte dans les ruines du palais de Nouzi, site urbain de Mésopotamie datant du XVe siècle avant notre ère. L'inscription cunéiforme figurant à sa surface énumère 48 animaux. En l'ouvrant, on y a trouvé 48 cailloux. Ceux-ci furent perdus avant d'avoir été décrits avec précision, mais l'inscription de la tablette donne à penser qu'ils établissaient les termes d'une transaction commerciale.

I

Babylone

Maurice Caveing

ÉMILE NOËL Il faut bien attribuer un commencement à toute histoire. Pour brosser celle des mathématiques, nous commencerons par Babylone. Est-il vraiment pertinent de commencer une histoire des mathématiques avec Babylone?

MAURICE CAVEING On pourrait tout aussi bien commencer par les Égyptiens anciens. C'est à peu près à la même époque, entre 4 000 et 2 000 ans avant Jésus-Christ, que fleurissent les mathématiques de ces deux civilisations. Par rapport aux autres civilisations, ces deux pays jouent un rôle privilégié dans l'évolution de la pensée scientifique de notre sphère, qui est quand même l'Occident méditerranéen et européen. Les textes que nous avons de ces deux civilisations sont antérieurs à ceux que nous avons de la Chine et de l'Inde : il y a donc là une raison suffisante pour commencer soit par Babylone, soit par l'Égypte. Nous éliminons également les Aztèques et les Mayas, eux aussi postérieurs. Enfin il fallait bien choisir.

ÉMILE NOËL Voyons donc Babylone d'abord. Comment naissent les mathématiques? Pour jouer? Pour des raisons utilitaires? Pour calculer quelque chose de concret? Est-ce que les mathématiques naissent partout de la même façon?

MAURICE CAVEING On constate d'abord qu'il existait des mathématiques écrites, c'est-à-dire dont nous avons des traces écrites, dans toutes les grandes civilisations où s'est constituée une hiérarchisation des fonctions sociales. C'est le cas en Chine, en Inde, à Sumer et à Babylone, en Égypte, chez les Aztèques et les Mayas. Les calculs qui demandent une forme écrite dépassant le calcul mental semblent partout liés aux besoins d'une administration déjà très poussée de la vie sociale. Auparavant, nous avons évidemment autre chose, une sorte de préhistoire : il existait alors des marquages correspondant à la nécessité, qui se manifeste très tôt, de compter. Il faut que le berger compte ses moutons. Quand on l'envoie à distance, il faut être assuré qu'il ramènera son troupeau tout entier et par conséquent on lui donne un moyen de marquer ses moutons. Par exemple, dans le cas de Sumer, on donnait au berger une bourse d'argile contenant de petites pierres, autant de pierres que de moutons dans son troupeau; il devait s'en servir pour vérifier qu'il n'avait perdu aucune bête. Ce sont d'ailleurs ces petites pierres, qu'en latin on appelle « calculi », qui ont donné le mot « calcul ». Voilà un type de marquage. On peut avoir des marquages au moyen de nœuds sur les cordes que l'on confie à des messagers, pour qu'ils se souviennent du nombre qu'ils

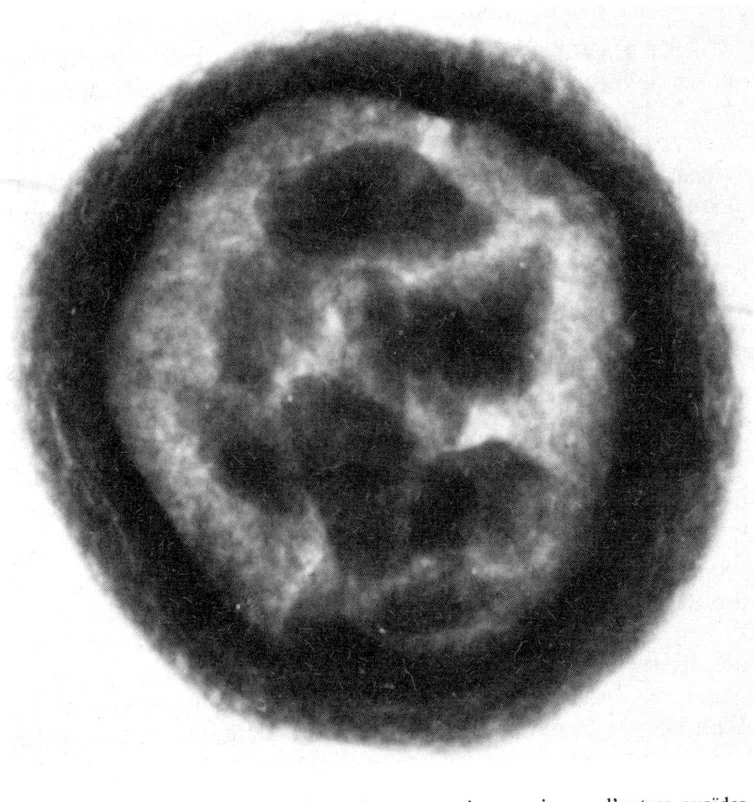

Bourse d'argile contenant des petites pierres, certaines coniques, d'autres ovoïdes. Cette bourse, découverte près de Dhahran en Arabie Saoudite, date de l'époque sumérienne. Cette photographie a été prise aux rayons X.

vont annoncer aux destinataires. Ce peut être aussi tout simplement des encoches sur des bâtons. Autrement dit, l'homme a probablement toujours compté. Platon disait d'ailleurs que ce qui distingue l'homme de l'animal, ce n'est pas la parole mais le fait qu'il sait compter. De ce point de vue donc, il n'y a pas d'origine.

ÉMILE NOËL Mais en l'occurrence, Babylone est une civilisation déjà hautement évoluée, qui possède l'écriture. Je suppose que c'est au travers de ces traces écrites que l'on connaît les mathématiques de Babylone?

MAURICE CAVEING Bien sûr. Il est certain que le calcul mental existait dans toutes les civilisations, mais ce que nous avons comme preuves historiques, ce sont évidemment des textes. Dans le cas de Babylone, ces textes ont été découverts à partir de la fin du XIXe siècle, après qu'on a déchiffré l'écriture anciennement en usage dans ce pays. C'est une écriture qu'on dit cunéiforme parce que les caractères ont la forme de coins marqués dans l'argile par un poinçon. Ils constituent des idéogrammes : des groupes de coins qui représentent des mots; par ailleurs une barre verticale représente le nombre 1 et le nombre 10 est un chevron.

Ainsi on s'est aperçu qu'un grand nombre de ces textes contenaient des nombres. Les uns sont simplement des tablettes de comptabilité qui étaient en usage dans les palais et dans les temples. Certains remontent très haut, à 4 000 ou 3 000 ans avant Jésus-Christ, dans la région de Sumer. Dans la période de l'entre-deux-guerres, des érudits se sont mis à déchiffrer, de façon suivie, les textes proprement mathématiques, que nous verrons tout à l'heure. Des publications importantes ont été faites juste avant la seconde guerre mondiale, en France par Thureau-Dangin, en Allemagne par Neugebauer. Elles ont repris après la guerre, et l'étude de ces textes s'est poursuivie jusqu'à maintenant.

C'est donc dans les cinquante dernières années que nous avons eu connaissance de ces textes babyloniens, qui offrent la particularité de présenter les nombres écrits dans le système sexagésimal. Ce système a été repris par les astronomes grecs et transmis jusqu'à nous : quand nous écrivons 13 heures 30 minutes 25 secondes, nous écrivons en système sexagésimal. Imaginez une civilisation dans laquelle tous les nombres écrits par les scribes étaient sous cette forme savante, qu'il s'agisse de longueurs ou de quoi que ce soit d'autre, et pas seulement du temps. Calculer avec des nombres écrits de cette façon posait évidemment des problèmes.

ÉMILE NOËL On sait à quel point ce système sexagésimal, encore maintenant, est difficile d'emploi et il est actuellement utilisé surtout pour la mesure du temps. Je suppose que s'il était étendu à la totalité des mesures, il nécessiterait une instrumentation. Comment est-ce que les Babyloniens s'y prenaient pour calculer? D'abord, est-ce qu'ils avaient aussi les quatre opérations que nous connaissons?

MAURICE CAVEING Ils avaient les quatre opérations, certes, et même quelques autres... Mais, en fait, ces quatre opérations ont été classées bien plus tard, au début du XVIIe siècle, par un mathématicien nommé Clavius, mais ceci a peu d'importance pour notre propos. Dans la pratique il faut additionner, soustraire, multiplier, diviser et même parfois faire d'autres calculs. Les Babyloniens avaient plus de difficultés que nous parce qu'ils n'utilisaient pas de virgule. Quand on écrit des nombres, on place une virgule pour indiquer les unités. Eux, ils ne le faisaient pas. C'était le contexte qui indiquait l'ordre de grandeur du nombre qu'ils avaient sous les yeux.

Ils avaient, en revanche, réduit certaines difficultés en mécanisant le calcul. Je veux dire qu'ils avaient toute une série de tablettes, ou de cylindres, où étaient inscrites des tables, au sens où nous parlons de la table de multiplication : des suites de nombres qui donnent, tout préparé, le résultat de l'opération. Lorsqu'il avait à résoudre un problème, le scribe babylonien rangeait devant lui une série de cylindres, qui étaient autant de tables lui permettant de lire les résultats dont il avait besoin. Il y avait des tables de multiplication, beaucoup plus étendues que notre simple table de Pythagore qui nous donne la multiplication des neuf premiers nombres les uns par les autres. Nous avons un système de numération différent, à base dix; les Babyloniens devaient aller jusqu'à 60.

Ils avaient aussi des tables qui permettaient d'effectuer la division; c'étaient les tables d'inverses. Ici l'inverse d'un nombre, c'est le nombre qui, multiplié par celui dont on part, donne 60 comme produit. Donc en multipliant A par l'inverse d'un nombre B, on peut effectuer la division de A par B. Il suffit ensuite de placer l'unité dans la tranche convenable. Voilà le procédé qui leur permettait d'effectuer les divisions.

Ils avaient aussi d'autres tables remarquables, dont nous verrons l'usage tout à l'heure, des tables de carrés, par exemple 4 pour 2, 9 pour 3, 25 pour 5, etc., des tables de cubes, et des tables que, d'une certaine manière, on peut appeler logarithmiques, extrêmement simples, indiquant quel exposant, pour parler notre langage, on affecte à un nombre pour en obtenir un autre. Par exemple, si en regard du nombre 8 je place le nombre 3, je dois comprendre que 2 au cube, 2 à la puissance 3, me donne 8. Cela leur était utile, notamment dans des calculs portant sur des intérêts composés. Par exemple, ils pouvaient calculer que si un capital prêté doublait tous les cinq ans, au bout de quinze (5 × 3) ans, le capital initial était multiplié par 8. Ils avaient des tables de sommes de carrés et de cubes, et d'autres nombres un peu plus compliqués.

Ils avaient aussi des tables pour les constantes géométriques qui permettent d'obtenir, par exemple, l'aire d'une figure en fonction de l'un de ses éléments ; et enfin des tables pour les constantes techniques, un peu comme celles de nos ingénieurs, indiquant, par exemple, la quantité de goudron qu'il faut utili-

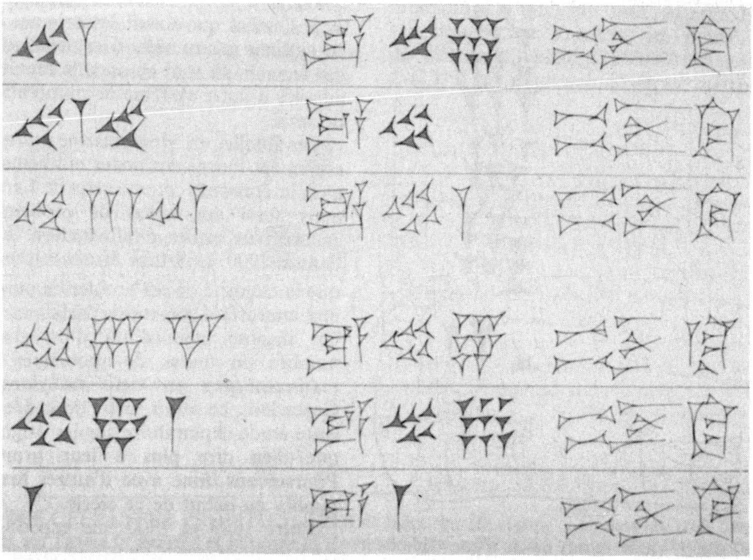

Tablette cunéiforme provenant de Larsa ; elle est écrite en cunéiforme babylonien archaïque. Les chevrons représentent 10 et les traits une unité. La première ligne indique que 40 × 60 + 1 est égal à 49 au carré, la seconde ligne que 41 × 60 + 40 est égal à 50 au carré.

ser par unité de surface, quand on veut effectuer telle ou telle tâche précise. Vous voyez que la gamme de ces tables était assez étendue, et qu'elle leur permettait d'effectuer leurs calculs assez vite en lisant d'avance le résultat dont ils avaient besoin.

ÉMILE NOËL Évidemment ces tables font un peu penser à une calculette. Au fond, il y avait un certain nombre de prétraitements qui permettaient certains calculs et donnaient des résultats. Pour quels types de problèmes ces instruments étaient-ils utilisés ?

MAURICE CAVEING Vous avez employé le mot juste : dans cette tradition mathématique d'avant les Grecs, on trouve essentiellement des résolutions de problèmes. Nous n'avons pas de traités donnant des théorèmes, nous n'avons que des problèmes, accompagnés ou non de l'indication de la procédure à suivre pour les résoudre.

Avant d'aller plus loin, je voudrais vous indiquer les thèmes autour desquels ils sont construits. Il y a des problèmes :
— d'ordre financier, calculs d'intérêts simples ou composés et d'amortissements;
— d'ordre commercial, modifications de barèmes, bénéfices, échanges à valeur égale de produits;
— de partage de domaines entre héritiers selon des lois tout à fait fantaisistes dont l'intérêt est plus mathématique que juridique;
— de planification de chantiers : pour le calcul des tâches, des fournitures, des rations, des temps, des transports et des salaires, le tout variant selon le type de chantier d'ailleurs.
— On trouve également : dans les domaines de l'architecture et du génie, liés à la planification de chantiers, des problèmes portant sur des travaux d'irrigation, de fondations, de terrassements, par exemple des calculs des volumes de terrassements selon la forme de la section du canal d'irrigation, ou à propos de la construction de fortifications : réemploi des terres, volumes, pente de la muraille, cadastres.
— On trouve encore des problèmes de fabrication : calcul des temps et des coûts; enfin des problèmes d'ordre métrologique, de conversions d'unités. Cela d'ailleurs me conduit à faire remarquer qu'il y avait à Babylone un système d'unités complexe pour les longueurs, les surfaces, les volumes, les capacités, les poids, les temps et les monnaies, système assez intéressant parce qu'il combinait les unités qui dérivent, comme on

dit, du module humain (la main, le pied, la coudée, le pas), avec d'autres unités en fonction des besoins de la vie pratique, selon qu'il s'agissait de capacités ou de volumes. On n'a pas nécessairement besoin des mêmes échelles d'unités pour évaluer le cubage d'un temple et des mesures de lait, de vin ou d'huile. Mais on s'arrangeait toujours pour que les facteurs qui intervenaient dans le système soient des sous-multiples de la base soixante, ce qui facilitait les choses. Puis il y avait des problèmes de conversions d'unités, comme nous en avons fait à l'école primaire autrefois, mais parfois beaucoup plus ardus.

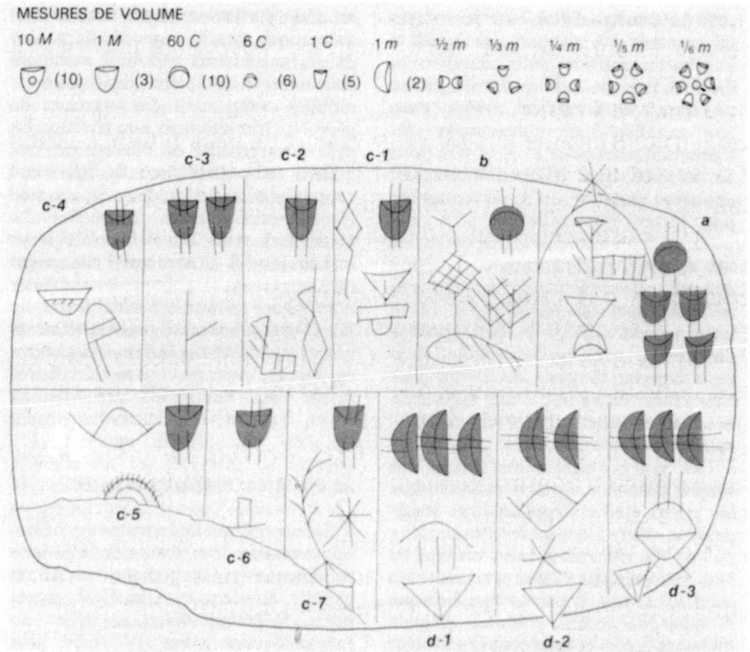

Ce texte proto-sumérien provenant d'Uruk précise la quantité de blé donné à un certain nombre d'hommes et de femmes. Le système de notation des capacités dans des textes archaïques comme celui-ci comprend une unité supérieure *(M dans le diagramme des facteurs au-dessus du texte),* une unité principale *(C)* et enfin une unité inférieure *(m)* et des fractions de l'unité inférieure. Les deux lignes qui ont été tracées sur les unités de mesure précisent qu'il s'agit de grains de blé (l'orge est représentée par un symbole différent : un épi). Le texte se lit de droite à gauche et les nombres sont en grisé. Deux surveillants *a* et *b* reçoivent respectivement 10*C* (exprimé par 1 × 6*C* + 4 × 1*C*) et 6*C*. Six parmi les sept hommes (*c*1, *c*2, *c*4, *c*5, *c*6 et *c*7) reçoivent chacun 1*C*. Un homme (*c*3) reçoit 2*C*. Trois femmes (*d*1, *d*2, *d*3) obtiennent respectivement 3*m*, 2*m* *et* 3*m*, environ deux fois moins que les hommes.

Voilà pour la thématique des problèmes, disons pour l'affabulation, mais il ne faut pas se dissimuler que derrière cette affabulation, il pouvait y avoir des difficultés mathématiques assez fortes qui n'appartenaient pas à la vie pratique. L'application pratique était un habillage au caractère sans doute pédagogique : il s'agissait de rendre attractif à l'élève l'effort qu'il devait fournir.

ÉMILE NOËL Pour résoudre tous les problèmes que vous venez de citer, il faut faire appel à un certain nombre de connaissances mathématiques, ou plus exactement à un certain nombre de procédures. Vous parliez tout à l'heure des unités de mesure usitées à Babylone. Ces unités de mesures sont elles-mêmes complexes. Ceci, ajouté au dispositif sexagésimal, doit rendre le contenu mathématique des procédures encore plus complexe.

MAURICE CAVEING C'est exact. On a affaire à des calculs qui exigent une grande virtuosité de la part de celui qui les conduit. Les textes que nous avons sont faits pour indiquer à l'élève la marche à suivre. A propos de la base 60 utilisée, on peut dire qu'elle a probablement été choisie parce que le nombre 60 est très riche en diviseurs. Il est divisible par les 6 premiers nombres, puis par toute une série d'autres. Par conséquent il se prête assez bien à la construction d'un système complexe de multiples et de sous-multiples. C'est probablement la vraie raison. Car la division du cercle en 360 parties, pour des raisons astronomiques, est très postérieure. Il faut dire que les calculateurs anciens (nous verrons que c'est la même chose en Égypte) avaient une très grande familiarité avec les nombres, même les très grands nombres, et avec leurs propriétés. Ils en jouaient avec une habileté qui nous surprend et que nous avons perdue.

En ce qui concerne le contenu, ils connaissaient les calculs sur les progressions arithmétiques, les progressions géométriques, les suites de carrés; par exemple, ils savaient fabriquer des nombres carrés qui sont la somme de deux autres nombres carrés : on dirait, en termes modernes, que ce sont des solutions rationnelles de l'équation $x^2 + y^2 = z^2$, ou encore les trois côtés d'un triangle rectangle en mesures entières ou fractionnaires.

Pour en revenir à la structure et au contenu des problèmes, il faut bien se rendre compte de la manière dont cet enseignement était donné. Le texte comprend généralement un énoncé du type : « J'ai ajouté à mon carré son côté, j'ai obtenu tant »

(sous-entendu : quel est le côté ?). Ce qui équivaut pour nous à l'équation $x^2 + x =$ tant. Ensuite vient une série de consignes données à la seconde personne du singulier : « Toi, en opérant, tu dois faire ceci et cela, tu vas obtenir tant et puis tu vas faire ceci, tu vas obtenir tant, etc. » Et, par une démarche analytique, conforme à ce que nous appelons un calcul algébrique, sans utiliser aucun symbolisme et sans qu'il y ait aucune explication, on arrive au résultat : « Mon côté est tant. » Vient ensuite la « preuve », à savoir que le résultat permet de retrouver les données.
Par exemple, dans le cas où $x^2 + x = 30$, on trouvera comme résultat 5, alors : $5^2 = 25$, $25 + 5 = 30$. On donne la « preuve » numérique. Autrement dit, on n'écrit jamais un symbolisme abstrait, on pratique toujours avec des nombres, sur des exemples numériques. Il n'en reste pas moins que dans des problèmes de ce type, on n'a pas d'affabulation du genre de celle que j'ai indiquée tout à l'heure. « J'ai ajouté à mon carré son côté », ce n'est vraiment pas un problème de la vie courante. Comme on suit une démarche analytique, la tentation a existé chez les érudits modernes de transcrire immédiatement tout cela en termes algébriques. C'est quelque peu forcer les choses, mais le calcul est quand même de type algébrique et correspond à ce que nous appelons problèmes du second degré, dans lesquels le calcul comporte inévitablement une extraction de racine carrée.

ÉMILE NOËL A partir du moment où l'on calcule sur des carrés de nombres...

MAURICE CAVEING Il faut extraire la racine carrée. Dans ce cas on se sert d'une table de carrés, mais à l'envers. Au lieu de chercher quel est le carré d'un nombre, on cherche quel est le nombre qui est écrit en face de tel ou tel carré. Ces tables sont très complètes, elles comprennent aussi les cas de nombres fractionnaires : nous avons des écritures par tranches d'unités et la virgule peut être placée en divers points, mais à bon escient.

Ainsi, il y a divers types de problèmes que l'on peut qualifier d'abstraits, par opposition à ceux dont je parlais tout à l'heure qui portent sur des thèmes plus concrets, quoiqu'ils fassent appel aux mêmes procédures. Tantôt il y a un habillage, tantôt il n'y en a pas. En général, les calculs sont du second degré : il y a certains cas où l'on va au-delà, où interviennent des valeurs qui sont au cube ou à la puissance 4. Pour ce dernier cas, on se sert d'une inconnue auxiliaire, qui est le carré du nombre cherché, ensuite on en extrait la racine. On trouve aussi ce qu'on appelle des équations indéterminées, ou tout au moins des problèmes indéterminés, c'est-à-dire des problèmes qui ont une infinité de solutions; on en donne une solution dans ce qu'on appelle les plus petits termes, la solution minimale. C'est un type de problème qui sera étudié à fond par la suite chez les Grecs. Nous en parlerons sans doute à propos d'un mathématicien grec nommé Diophante. C'est une partie de l'analyse mathématique qui a donné naissance, beaucoup plus tard, à l'époque de Fermat, à ce qu'on appelle la théorie des nombres. Car ces équations indéterminées sont solubles à partir des propriétés des nombres, lesquelles peuvent faire l'objet d'une étude spécifique.

A côté de ces problèmes, nous en avons dans lesquels interviennent des connaissances géométriques. Qu'est-ce que les Babyloniens connaissent dans ce domaine? Eh bien, ils connaissent naturellement les surfaces usuelles du carré, du rectangle, du triangle rectangle et ils savent que le carré de l'hypoténuse est égal à la somme des carrés des deux autres côtés du triangle rectangle. Ils le savent au moins du point de vue numérique. Nous avons même des calculs approchés de l'hypoténuse quand elle n'est pas calculable exactement. Ils connaissent aussi les triangles équilatéraux, les hexagones, les polygones réguliers, la possibilité de les inscrire dans un cercle. Ils ont quantité de problèmes sur le partage des trapèzes et des quadrilatères quelconques par des lignes dites « transversales », qui sont parfois des parallèles à une base. Ils ont quantité de problèmes sur le cercle, le demi-cercle, des évaluations approchées de la surface des segments de cercle, des cordes qui sous-tendent le segment et aussi des secteurs de cercle. Ils connaissent aussi les volumes du cube, du parallélépipède, du prisme, du cylindre, du tronc de pyramide à base carrée. Ils ont des valeurs approchées, des formules approchées pour le tronc de cône, et divers prismes semi-réguliers correspondant à des espèces de parallélépipèdes déformés, dont la forme semble avoir été celle de certaines dalles.

ÉMILE NOËL Est-ce qu'ils avaient une valeur pour le nombre Pi?

MAURICE CAVEING Pour le rapport de la circonférence du cercle au diamètre, ils utilisaient la valeur qui est dans la Bible, ou plutôt la Bible utilise la même valeur que les Babyloniens.

Dans le texte où il est question de la mer d'airain dans le temple de Salomon, c'est la valeur 3, ce qui est très approximatif et simple. Ils savent bien qu'elle est fausse, qu'elle confond le périmètre de l'hexagone régulier avec le périmètre du cercle. Mais dans les calculs c'est bien pratique. Quand on calcule, de cette façon, le nombre de briques nécessaires pour construire la margelle d'un puits, on a de la place entre les briques pour mettre le ciment! Il y a donc des approximations qui ont des valeurs pratiques. En revanche, ce qui est absent, ce sont les notions théoriques. On ne trouve nulle part le terme de parallèle par exemple, nulle part on n'a la notion d'angle, et nulle part la notion abstraite de similitude de deux figures. Quand on veut évaluer un angle, par exemple la pente d'un escalier, on utilise le fait qu'elle correspond à un rapport entre la longueur et la hauteur : c'est un rapport de deux nombres. Voilà, très schématiquement, le contenu géométrique de ce que connaissaient les Babyloniens...

ÉMILE NOËL Puisqu'il y a d'une part des pratiques mathématiques destinées à résoudre des problèmes concrets et, d'autre part, des processus qui ne traitent pas du concret, est-ce qu'on peut parler, comme de nos jours, de mathématiques fondamentales et de mathématiques appliquées, à Babylone?

MAURICE CAVEING La distinction que nous faisons depuis les Grecs n'est pas faite à Babylone. Même les distinctions que nous venons de voir vont un peu au-delà des textes. Dans les textes, le scribe fait flèche de tout bois. Il combine des nombres, des procédures algébriques et des données géométriques; il combine des propriétés qu'il connaît; il ne les explicite pas. Il donne la marche à suivre à son élève sur des exemples; la répétition des exemples doit inscrire dans l'esprit de l'élève la marche à suivre. On a donc des codes, on n'a pas une théorie. Ce qu'on peut dire, c'est que, dans l'usage de ces codes, il y a un élément de gratuité qui apparaît à certains moments, un élément qu'on pourrait appeler ludique, où l'on se complique la tâche un peu pour le plaisir, et peut-être aussi pour le plaisir qu'il y a à discuter entre initiés de choses qu'on est seuls à comprendre. Les scribes formaient une caste fermée dans l'administration de l'État. Il faut ajouter aussi que, de cette manière, on sélectionnait sans doute les meilleurs sujets parmi les élèves : ceux qui étaient capables de comprendre à demi-mot, de résoudre avec le plus de sagacité un problème posé en termes énigmatiques.

Le *papyrus Rhind* est une compilation de problèmes pratiques, réalisée vers 1550 avant Jésus-Christ par un scribe nommé Ahmes. De bas en haut on donne la surface d'un rectangle de 10 khets par 2 khets, la surface d'un disque de périmètre 9 khets, l'aire d'un triangle et enfin l'aire d'un trapèze.

II
L'Égypte

Maurice Caveing

ÉMILE NOËL Nous avons envisagé Babylone comme première étape, mais vous disiez que nous aurions tout aussi bien pu commencer par l'Égypte. Peut-être est-il intéressant de confronter l'Égypte et Babylone, puisque leurs mathématiques sont concomitantes.

MAURICE CAVEING C'est vrai. Du côté de la Mésopotamie, nous savons que les premiers documents comptables, auxquels je faisais allusion précédemment, remontent très loin, c'est-à-dire que nous en avons dès l'époque de Sumer. Mais les tablettes les plus significatives et les plus fréquentes, qui représentent un véritable épanouissement de la pensée mathématique ou tout au moins de cette pensée calculatrice, se situent à l'époque de la dynastie d'Hammurapi, à Babylone, c'est-à-dire au XVIIIe siècle avant notre ère. C'est à ce moment-là qu'il y a une véritable floraison, un âge classique des mathématiques babyloniennes. Ensuite on trouve régulièrement des traces de tablettes analogues, jusqu'au temps de la conquête d'Alexandre. En Égypte, bien qu'il s'agisse de choses tout à fait différentes, c'est aussi, à peu près, du XVIIIe siècle avant notre ère qu'il faut dater le principal document : le papyrus écrit par le scribe Ahmes, qui fut acheté au XIXe siècle en Égypte par un Anglais du nom de Rhind et qu'on appelle donc le *papyrus Rhind.* C'est le principal document qui nous est parvenu, quoique nous ayons aussi quelques autres papyrus d'époque voisine, puis des textes beaucoup plus tardifs de l'époque hellénistique et de l'époque romaine, qui présentent les mêmes caractères.

Là encore, il y a une continuité dans la manière de traiter les nombres et les problèmes. Nous avons en somme un montage en parallèle des deux civilisations mais, comme nous allons le voir, sans grand point commun, excepté un point que nous examinerons pour terminer.

ÉMILE NOËL Le matériel sur lequel vous vous fondez pour étudier les mathématiques égyptiennes est-il aussi fourni, aussi nombreux que le matériel babylonien?

MAURICE CAVEING Précisément non. Dans les deux cas nous n'avons évidemment qu'un échantillonnage. Pour ce qui est des tablettes babyloniennes, il y a actuellement une centaine de tablettes de problèmes qui ont été éditées, traduites et étudiées par les érudits. Elles sont de tailles variées : certaines ont 5 centimètres de haut, d'autres 30 centimètres. Les unes contiennent un seul problème, les autres en contiennent des séries sans solutions, parce qu'ils appartiennent tous à un même type. Les tablettes qui se sont le mieux conservées sont celles qui ont été cuites dans des incendies. Il y en a sans doute encore dans la terre d'Irak; il y en a beaucoup dans les musées d'Europe qui ne sont pas encore lues, parce qu'on n'a pas assez de chercheurs et d'érudits et que les transferts ont été importants, par exemple au *British Museum,* à la fin du XIXe et au début du XXe siècle. En Égypte, le matériau est plus fragile, c'est du papyrus et on en compte, à travers le monde, une quinzaine qui présentent un intérêt mathématique, de longueur et d'amplitude inégales. Ils sont bien connus, même s'il y a des difficultés d'interprétation pour certains d'entre eux, notamment pour celui qui se trouve à Moscou, qui s'appelle *papyrus Golenischeff.*

ÉMILE NOËL Ces deux civilisations abordent-elles de la même façon les mathématiques? Est-ce que, par exemple, en Égypte, on retrouve, du point de vue de l'instrumentation, le principe des tables de résultats, ou bien les Égyptiens travaillaient-ils différemment?

MAURICE CAVEING Ils travaillent différemment parce qu'ils écrivent les nombres autrement. Souvenez-vous que les Babyloniens écrivent au moyen d'un système sexagésimal et qu'ils disposent de deux signes : un chevron pour le signe 10, une barre pour le signe 1. Pour écrire le nombre 59, on écrit neuf barres et cinq chevrons; pour le nombre 60, une grande barre verticale devant indique la tranche d'unités supérieure, celle des soixantaines. Et ainsi de suite. Donc, un système de base 60, mais tout de même un système de position comme le nôtre.

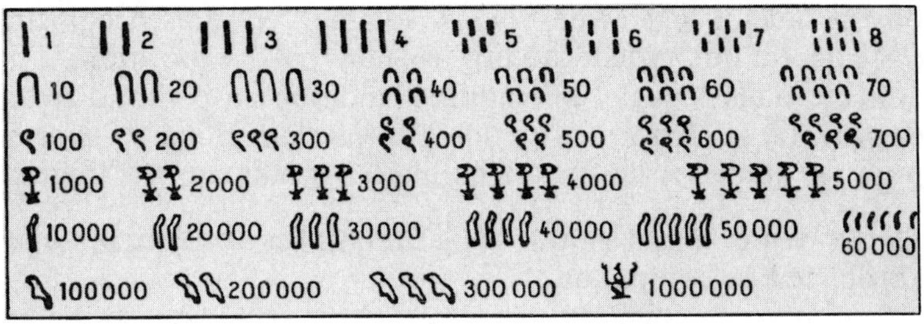

La numération hiéroglyphique égyptienne.

Celui des Égyptiens est, en un sens, beaucoup plus primitif. Il a des signes pour chacune des puissances de la base, qui est 10 : pour 1, pour 10, pour 100, pour 1 000, pour 10 000, pour 100 000 et pour 1 million. Pour 1 c'est une barre verticale; l'anse du panier pour 10 parce qu'on y met dix œufs; une corde enroulée pour 100, parce que c'est quelque chose comme la mesure de 100 pas. Le signe pour 1 000 est la fleur de lotus, abondante par milliers sur les bords du Nil; 100 000 c'est le têtard, parce qu'ils se présentent toujours en grand nombre; enfin, 1 million c'est une divinité qui lève les bras vers la voûte étoilée, comme pour indiquer le nombre des étoiles. Pour écrire un nombre, on répète au plus neuf fois le signe en question. Par conséquent, pour écrire 125, on mettra une corde enroulée, deux anses de panier et cinq barres verticales. C'est un système qui s'incorpore aux hiéroglyphes, qui donne lieu à des dessins et qui permet d'écrire les nombres entiers jusqu'à 9 millions 999 999. C'est un très grand nombre pour la civilisation de l'époque et qui suffit aux besoins. De ce fait, il y a des choses qui vont aller de soi. Pour additionner, par exemple, on écrit un nombre sous l'autre, puis on compte les signes de même espèce, et si l'on en a plus de dix, on met un signe de la valeur supérieure à gauche.

ÉMILE NOËL Mis à part le caractère complexe des dessins, cela ressemble à ce que nous faisons dans notre système décimal.

MAURICE CAVEING C'est très simple, il n'est même pas nécessaire de savoir mentalement que 5 + 4 font 9. On a cinq barres et puis quatre barres qu'on inscrit à la suite et l'on compte le tout. C'est immédiat; l'addition et la soustraction ne posent aucun problème. Nous sommes en présence d'un système qu'on appelle additif et non pas de position; un système dans lequel l'opération d'addition se confond avec l'opération d'écriture : si vous prenez cinq pions et quatre pions et que vous les mettez en ligne, vous aurez neuf pions.

ÉMILE NOËL Mais si vous voulez multiplier une anse par une corde, cela se complique...

MAURICE CAVEING J'y arrive. C'est en effet avec la multiplication que commencent vraiment les calculs que l'on trouve dans le papyrus Rhind et dans tous les autres. Pour faire une multiplication, les Égyptiens ont mis sur pied un procédé qui a été conservé à Byzance et aussi dans toute l'Europe du Moyen Age, avec des chiffres romains avant l'apparition des chiffres arabes. C'est le procédé par duplications successives.

On écrit un nombre au moyen de l'écriture que j'ai indiquée, on le double, puis on double ce double et l'on continue. Au bout d'un certain temps, on s'aperçoit que l'on a utilisé un certain nombre de facteurs dont la somme donne le multiplicateur. Par exemple, si je veux multiplier par 13, je commence par doubler, j'ai le facteur 2, puis je double encore, j'introduis donc le facteur 4, je double encore une fois et j'obtiens le facteur 8; je m'aperçois que 8 et 4 font 12 et je sais que le nombre écrit au début c'est une fois lui-même, cela me donne donc 13. Je vais cocher la première ligne, je ne coche pas la seconde qui correspond simplement au facteur 2, mais la troisième et la dernière. J'ai donc le facteur 8, le facteur 4 et le facteur 1. $8 + 4 = 12$, $12 + 1 = 13$. J'additionne les lignes cochées et j'obtiens le produit cherché. C'est un procédé très simple et très performant. Il n'est pas plus long, pour les nombres usuels jusqu'à 1 000, que notre procédé de multiplication et il a été utilisé jusqu'au cœur du Moyen Age.

Il exploite le fait que le multiplicateur, c'est-à-dire un nombre quelconque, peut toujours être écrit comme une somme de puissances de 2, non nécessairement consécutives. C'est une propriété arithmétique que les Égyptiens ont découverte empiriquement. Si on multipliait par 3 cela ne marcherait pas parce que, dans certains cas, il faudrait intercaler des multiplications par 2. Tandis qu'avec des suites monotones de multiplications par 2, cela marche à merveille.

On a donc un système de multiplication par duplications

	24 × 1 = 24		13 × 1 = 13
	24 × 2 = 48		13 × 2 = 26
	24 × 4 = 96		13 × 4 = 52
	24 × 8 = 192		13 × 8 = 104
			13 × 16 = 208
8 + 4 + 1 = 13	312	16 + 8 = 24	312

Multiplications de 13 par 24.

successives et quand on veut diviser, c'est extrêmement simple : on multiplie le diviseur. On le double, on le quadruple, on l'octuple, jusqu'à ce qu'on arrive à un nombre qui soit proche de la moitié du dividende. A ce moment-là, on est à peu près sûr qu'en cherchant les nombres pertinents par tâtonnements on doit trouver, si le quotient est entier, ceux dont la somme donne le dividende et, en additionnant les facteurs qui ont permis d'obtenir ces lignes, on obtient le quotient. Autrement dit, la division se ramène à une multiplication du diviseur jusqu'à ce qu'on trouve le dividende. Le problème est résolu. On sait faire des multiplications et des divisions.

ÉMILE NOËL Par multiplication inversée...

MAURICE CAVEING Par multiplication inversée en effet. Le seul problème, c'est quand la division comporte un reste, car à ce moment-là il faut introduire les fractions.

ÉMILE NOËL Alors, comment les Égyptiens s'y sont-ils pris ?

MAURICE CAVEING La caractéristique des calculs égyptiens c'est que, pour écrire les fractions, on se sert uniquement de l'inverse des nombres entiers; un demi, un tiers, un quart, un cinquième, un sixième, un septième, un millième, un 327e; uniquement les entiers et leurs inverses. On est donc obligé de procéder de même pour multiplier ces fractions. Il y a des procédures qui permettent de les doubler et le seul type de tables dont on ait besoin, et qui se trouve dans le papyrus Rhind, commence par une table dans laquelle chaque fraction de la forme $2/a$ est décomposée en une somme de fractions de numérateur 1 (les quantièmes), ceci pour des valeurs de a impaires comprises entre 1 et 100. En effet, si le dénominateur est pair et qu'on multiplie la fraction par 2, le résultat est pratiquement immédiat : deux fois 1/8 c'est un quart. Mais, quand on a à doubler

1/7 et qu'on veut obtenir un résultat qui soit écrit sous forme de fractions de numérateur 1, il faut se livrer à un calcul assez complexe qui donne lieu à une table spéciale, qui est transcrite dans le papyrus Rhind, et dont on s'est servi, presque sans modification, jusque sous Cléopâtre et même au-delà. On y trouve, entre autres, le quotient de la division de 2 par 67, soit 1/40 + 1/335 + 1/536, conduite par une technique appropriée de divisions successives.

ÉMILE NOËL Cela peut paraître assez compliqué, mais ce n'est que de l'arithmétique; je n'y vois ni algèbre ni géométrie.

MAURICE CAVEING C'est exact. C'est de l'arithmétique, et c'est, je crois, la caractéristique principale du génie des Égyptiens d'avoir poussé très loin le maniement des propriétés des nombres. Il faut d'ailleurs remarquer que dans leur système, le quotient fractionnaire d'une division est toujours exact, mais qu'il y a plusieurs manières de l'exprimer car, quand on écrit un quotient, par exemple sous la forme de 3 + 1/2 + 1/25 + 1/213, les mathématiciens savent qu'il y a plusieurs suites finies de quantièmes qui satisfont au quotient (par exemple 2/3 = 1/2 + 1/6, mais aussi 2/3 = 1/2 + 1/7 + 1/42). Dans notre système décimal, la représentation d'un nombre est unique, ce qui est un avantage que nous payons par une difficulté : nous avons des quotients qui sont inexacts et, si nous divisons 10 par 3, nous trouvons 3,333, indéfiniment. Nous sommes obligés de mettre des pointillés pour indiquer que la suite décimale est illimitée. C'est le cas dans tous les systèmes de position : il y a des quotients qui ne se terminent pas. Dans le système égyptien, qui a un caractère en quelque manière très hiératique, très précis, on a toujours le quotient exact, quel que soit le nombre de quantièmes que l'on doive écrire. Il n'y a pas de résultat approché. Les Égyptiens sont des gens qui sont habitués à avoir des résultats exacts.

ÉMILE NOËL C'est sans doute satisfaisant pour l'esprit, mais cela doit être difficile à appliquer dans la vie pratique.

MAURICE CAVEING Dans la vie pratique, on néglige les petits quantièmes. Si on trouve qu'un quotient va jusqu'à 1/325 ou 1/430, on peut négliger ces quantités, mais, à la différence de notre système, on sait toujours quelle erreur on fait. Tandis que nous, nous coupons après telle ou telle décimale et nous savons seulement à quelle fraction décimale l'erreur est inférieure.

L'Égyptien sait tout de suite que s'il ne tient pas compte des petits quantièmes qui ont de gros dénominateurs, il fait une erreur de 1/325 ou de 1/430 sur son quotient. Il y a donc là une habitude de l'exactitude arithmétique qui est très importante.

D'autre part, il y a des techniques auxquelles j'ai fait allusion et que je n'ai pas décrites parce que le détail en est très compliqué. Il y a notamment des problèmes de réduction au même dénominateur, dans lesquels on voit des procédures tout à fait analogues aux nôtres, même si l'expression est différente. Cela étant, pour exprimer sous la forme d'une suite de quantièmes (c'est-à-dire une suite de fractions de numérateur 1) un quotient, il faut connaître de manière concrète, pour ainsi dire avec familiarité, au moins les 100 premiers nombres et leurs propriétés de divisibilité, en particulier les nombres qui n'ont que l'unité comme diviseur (les nombres premiers), l'ensemble des multiples d'un nombre, la distinction des nombres pairs et impairs, le plus petit commun multiple, les diviseurs communs et les nombres premiers entre eux, c'est-à-dire qui n'ont pas de diviseur commun autre que l'unité.

On voit de manière très parlante, quand on analyse les calculs égyptiens, comment le scribe se joue de ces difficultés avec virtuosité et navigue au milieu de tout cela. Quand il a à choisir un nombre dans lequel il va exprimer des quantièmes, un nombre qui va lui permettre de les réduire au même dénominateur, il ne prend pas toujours le PPCM, mais choisit quelquefois un nombre différent dont il sait qu'il est riche en diviseurs, ce qui va lui permettre d'effectuer la somme de ses quantièmes. Il y a une familiarité avec les nombres entiers qui fait que la pensée mathématique égyptienne, dans sa précision, sa finesse arithmétique, se rapproche pour ainsi dire de la ligne de ces statues hiératiques dans lesquelles ils exprimaient la puissance des dieux. Ce sont deux aspects de leur civilisation que l'on peut rapprocher.

Tout ceci aboutit finalement à l'idée de proportionnalité. Quand on opère sur des entiers, ce qui apparaît tout de suite, c'est le rapport, le rapport de 5 à 3, le rapport de 10 à 6, celui de 15 à 9. Autrement dit, la proportionnalité dont les Grecs feront un tel usage dans le domaine artistique se trouve déjà chez les Égyptiens, et je crois que c'est là un point, commun aux deux civilisations, digne d'attention. C'est la pensée des proportions qui les caractérise.

ÉMILE NOËL Avec cette instrumentation, disons ces outils arithmétiques, est-ce que les Égyptiens s'attaquaient aux mêmes problèmes que les Babyloniens?

MAURICE CAVEING Il n'y a pas chez les Égyptiens de problèmes dans lesquels interviennent des procédures algébriques complexes, avec extraction de racines carrées à la fin de la procédure. On s'en tient, pour parler le langage très postérieur de ce qui sera notre algèbre, aux problèmes du premier degré, aux problèmes linéaires. Il n'y a pas à proprement parler d'algèbre. Il y a des affabulations en termes de partages concrets. Il y a aussi des calculs de volume, de pyramides, etc. Mais, pour s'en tenir au caractère de ces problèmes, d'une manière ou d'une autre ils tournent tous autour des propriétés des rapports et de la proportionnalité.

Il y a notamment les applications aux grandeurs. On sait calculer la hauteur d'une pyramide en évaluant l'angle sur un modèle plus petit. Dans un rectangle, le rapport du grand côté au petit côté correspond à ce que nous appelons une cotangente, la cotangente de l'angle que fait la diagonale avec le grand côté. Les Égyptiens utilisent ce rapport, en l'appliquant à l'angle à la base de la pyramide, pour obtenir, par un calcul de quatrième proportionnelle, la hauteur. C'est un calcul standard, qui s'appelle le calcul « *sequed* »; le « sequed » d'un angle correspond à ce que nous appelons la cotangente. C'est un rapport de deux nombres : l'écart de la verticale par coudée de hauteur. La pyramide s'écarte de la verticale de tant par coudée de hauteur.

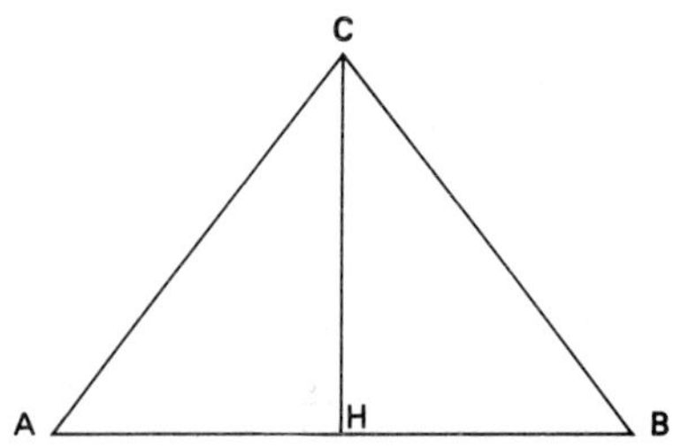

Section d'une pyramide selon le plan médian des côtés de la base carrée. Supposons que le rapport BH/CH soit égal à 4/5. L'Égyptien raisonne ainsi : du haut en bas de la pyramide on s'est écarté de la verticale de 4 coudées pour 5 coudées de hauteur ou $4 \times 7 = 28$ palmes pour 5 coudées de hauteur (1 coudée = 7 palmes). Or $28/5 = 5 + 3/5$. Mais l'Égyptien n'utilise que des fractions de numérateur 1 donc $3/5 = 1/2 + 1/10$ et le sequed est $5 + 1/2 + 1/10$.

ÉMILE NOËL C'est en somme le calcul d'une pente?

MAURICE CAVEING En effet. Le calcul de la nutritivité de la bière ou du pain, le calcul « *pefsou* », repose sur le même principe. C'est bien la proportion inverse entre la quantité de farine utilisée et le nombre de pains qu'on a faits avec cette farine. Plus on en a fait, c'est-à-dire plus le « pefsou » est grand, et moins le pain est nutritif puisque avec la même quantité de farine on a fait, par exemple, le double de pains. Ce sont les calculs de ce genre qui sont standardisés. De même, pour ce qu'on appelle la méthode de fausse position, qui consiste à résoudre un problème en prenant un modèle sur des nombres plus petits, c'est-à-dire en faisant une fausse hypothèse. Cela permet de résoudre les problèmes du premier degré ou certains problèmes quadratiques purs. Les progressions arithmétiques et les progressions géométriques ne sortent pas du même cercle de propriétés arithmétiques.

En dehors de cela, les Égyptiens savent calculer les aires, les surfaces planes usuelles : le rectangle, le triangle, le trapèze; les volumes du prisme droit, du cylindre et du tronc de pyramide également. Pour le cercle, on a une approximation de Pi qui est bien meilleure que chez les Babyloniens. C'est une très curieuse supériorité des Égyptiens : la surface du cercle est égale à 256 fois la 81e partie du carré du rayon, ce qui revient à 4/3 à la puissance 4 de R au carré ($4^4/3^4R^2$). Cela semble assez compliqué, mais c'est en fait une valeur que l'on peut trouver de façon empirique. Vous remarquerez que le champ des questions abordées est plus restreint qu'à Babylone.

ÉMILE NOËL Pourrait-on essayer de dresser, pour conclure un tableau des similitudes et des différences entre les mathématiques de ces deux civilisations, orientales l'une et l'autre?

MAURICE CAVEING Certes. Les différences sont très apparentes. Les deux mondes semblent tout à fait étrangers l'un à l'autre. Je ne pense pas qu'on puisse mettre en évidence, aussi curieux que cela puisse paraître, une influence des uns sur les autres, mais il y a des points communs et notamment le fait que les procédures utilisées ne sont jamais justifiées. Il n'y a pas de démonstrations, il n'y a pas de théorèmes, il n'y a pas d'énoncés théoriques. Il y a des règles que l'on inculque au disciple en lui répétant des exemples de même type, des paradigmes sur des valeurs différentes, mais sans lui donner la raison des règles : le disciple doit ensuite s'y conformer et, en somme, répéter. Ce qui fait que nous avons une continuité, depuis le XVIIIe siècle avant Jésus-Christ jusqu'à l'époque où Alexandre conquiert l'empire perse, donc Babylone, et l'Égypte ancienne. Nous retrouvons des textes du même type à l'époque des Séleucides pour la Mésopotamie, ou à celle des Ptolémées pour l'Égypte, toutes deux postérieures à celle d'Alexandre. A l'intérieur de cette continuité, il y a certes une grande virtuosité de certains scribes, mais le cadre général est figé.

Cela dit, lorsque les Grecs viennent, pour ainsi dire à la naissance de la vie intellectuelle, au VIe siècle avant Jésus-Christ, dans la bordure occidentale de l'Asie Mineure que l'on appelle l'Ionie, dans les villes de Milet, de Smyrne ou dans l'île de Samos, ces procédures sont en usage en Égypte et à Babylone. Mais elles sont figées depuis 14 siècles. On peut donc supposer que les voyageurs ont vu comment elles étaient pratiquées. Après tout, ce n'est pas si difficile d'aller de Samos à Naucratis, et Naucratis avait été fondée par des Grecs en Égypte, lors des règnes des derniers pharaons. Il y avait une école d'interprètes fondée par le pharaon. Il n'est pas non plus outrecuidant de penser que certains Grecs ont pu aller jusqu'à Babylone sous Nabuchodonosor. Nous n'avons pas de preuves, nous n'avons que des légendes, et devant les légendes on peut rêver.

Ce qu'on peut faire aussi, c'est examiner le contenu des mathématiques grecques et voir s'il y a un certain rapport avec celles de l'Orient et de l'Égypte. En attendant, tout ce qu'on peut dire, c'est que si des marchands grecs ont pris connaissance des façons de calculer des uns et des autres, ils ont dû être frappés par la différence et se sont trouvés à un point carrefour. Or, quand on est frappé d'une différence aussi marquante entre deux civilisations, et qu'on est grec, on peut être conduit à s'interroger sur le pourquoi de ces différences et, à ce moment-là, se mettre à réfléchir d'une autre manière sur les mathématiques.

III
Les Grecs avant Euclide

Maurice Caveing

ÉMILE NOËL Avec ce troisième entretien, nous abordons les mathématiques grecques. A quelle date la civilisation grecque ancienne a-t-elle acquis une spécificité dans la science mathématique?

MAURICE CAVEING Il faut partir du VIe siècle avant Jésus-Christ. Nous n'avons pas de témoignage d'une activité proprement mathématique antérieure, bien qu'il existe un matériel technique qui peut laisser supposer des réflexions d'ordre géométrique : des constructions, des objets, des carrelages, des décors de poteries, des dessins, un matériel graphique et esthétique, ont pu inspirer la réflexion du géomètre. Mais nous n'avons aucun témoignage d'une pensée mathématique avant ce VIe siècle. C'est alors une période de grande civilisation pour les Grecs qui habitent la côte Ouest de l'Asie Mineure, les Ioniens; des villes comme Milet, Smyrne, enrichies par le commerce, ont une activité intellectuelle fort importante. On y voit apparaître les premières écoles de pensée philosophique et scientifique. Dans les trois siècles qui suivent, jusqu'au IIIe siècle, il se passe en Grèce quelque chose de tout à fait étonnant : la naissance de ce que nous appelons les « mathématiques ». Cette montée du savoir nous conduira à cette grande synthèse que nous verrons dans le chapitre suivant, et qui a pour nom Euclide. C'est pendant ces trois siècles que se crée, que se forme, la pensée mathématique grecque.

ÉMILE NOËL Quelles sont ses caractéristiques?

MAURICE CAVEING La pensée grecque est très différente de ce que nous avons pu observer chez les Babyloniens et chez les Égyptiens. Il nous faut parler d'abord de géométrie, qui est la partie des mathématiques grecques la plus célèbre, la plus connue : la géométrie naissante est tout à fait nouvelle. Chez les Orientaux, il existe ce qu'on peut appeler une géométrie calculatoire. Pour obtenir un résultat, savoir combien mesure une longueur, un champ, telle portion de tel édifice, nous avons vu que les Orientaux, Babyloniens et Égyptiens, faisaient flèche de tout bois, avec une grande sagacité, une grande habileté technique. Une grande part de ce que nous appelons des formules, c'est-à-dire en somme des schémas de calcul, est connue et exacte. Pour calculer la surface d'un champ rectangulaire, les Orientaux multiplient la longueur par la largeur et pour calculer la surface d'un trapèze ils multiplient la demi-somme des bases par la hauteur. Toutes ces choses-là sont connues mais ce que les Grecs, les Ioniens, apportent de nouveau, c'est qu'ils appliquent aux figures le raisonnement. Autrement dit, les Orientaux, en fait de figures, n'utilisent guère que des cadastres, des plans de chantiers ou d'édifices. Chez les Grecs nous avons réellement des figures, les dessins ne sont plus considérés pour leur valeur esthétique ou pour leur valeur pratique, parce qu'ils représentent le plan d'une maison, par exemple, mais comme un ensemble de points dans l'espace, reliés entre eux par des lignes. Les Grecs considèrent par exemple des lignes droites qui permettent de figurer la distance entre des points et, entre ces lignes droites, ils identifient des angles. Cette étude des relations de grandeur abstraites d'un dessin, lui-même abstrait, constitue l'apport initial de la pensée grecque dans les mathématiques.

Naturellement, ces figures sont étudiées visuellement et au départ il y a une part d'intuition; mais, au fur et à mesure que se développe la pensée mathématique grecque, la part du raisonnement devient prépondérante ; nous verrons que, chez Euclide, les traits caractéristiques de ce qu'on appelle le raisonnement mathématique apparaissent. C'est là vraiment la nouveauté et ce raisonnement peut être conduit en dehors de toute valeur numérique, c'est-à-dire pour des figures dont on donne certaines propriétés au départ et pour lesquelles on demande d'en trouver d'autres par le seul moyen de la logique.

ÉMILE NOËL Quels genres de problèmes géométriques les Grecs se posaient-ils?

MAURICE CAVEING Des problèmes qu'il fallait par exemple résoudre en se servant uniquement de la règle et du compas, instruments canoniques du géomètre. Comme de construire un triangle équilatéral avec une règle et un compas, à partir d'un côté de longueur donnée. Ce problème est extrêmement simple mais d'autres sont relativement plus difficiles, par exemple inscrire un hexagone régulier dans un cercle. Ce sont là des problèmes de construction. Quand ces problèmes se compliquent, il devient nécessaire de démontrer telle ou telle propriété. Tout cela relève de la géométrie plane élémentaire, mais certains d'entre eux doivent faire l'objet d'une mention spéciale car les Grecs se sont posé, dans l'abstrait, le problème de la mesure.

Comment mesurer exactement une surface? Le procédé général, quand on veut mesurer une surface, c'est de lui appliquer un quadrillage. Or ce quadrillage est plus ou moins fin : si vous tracez une figure sur un papier quadrillé, vous pouvez, en comptant les petits carrés, mesurer de façon approchée la surface de cette figure. Ce procédé donne tantôt un résultat exact si la figure a une forme régulière, carrée par exemple, tantôt un résultat inexact. Les Grecs se sont posé en général le problème suivant : existe-t-il des procédés géométriques, par la règle et le compas, qui permettent de construire un carré égal à une surface donnée? C'est ce qu'on appelle un problème de quadrature.

Le problème est facile quand, par exemple, il s'agit d'un parallélogramme. On le résolvait autrefois à l'école avec des morceaux de papier découpés : il suffit de découper un triangle rectangle d'un côté du parallélogramme, et de le transporter de l'autre côté : le parallélogramme est ainsi transformé en un rectangle de surface égale; il existe ensuite des procédés très simples pour transformer un rectangle en un carré. Ces problèmes sont très irritants dans quelques cas : la quadrature du cercle est restée célèbre parce qu'il n'y a pas de solution exacte, mais cette impossibilité de trouver une solution exacte n'a été démontrée qu'au XVIIIe puis au XIXe siècle, c'est-à-dire tout récemment. A l'époque qui nous occupe, il y avait un géomètre important du nom d'Hippocrate de Chio, qu'il ne faut pas confondre avec le médecin. Hippocrate appartenait à la génération antérieure à Platon. Eh bien, il est parvenu à effectuer la quadrature de certaines lunules. (On appelle ainsi ces figures qui ressemblent à la Lune quand elle est en croissant.) Voilà un bon exemple du genre de problèmes que les Grecs savaient résoudre. Malheureusement, la quadrature de certaines lunules ne nous indique pas comment faire la quadrature du cercle.

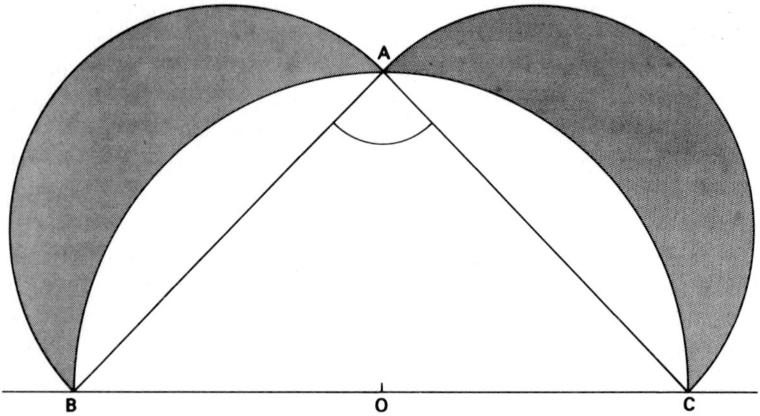

La somme des aires des deux lunules construites sur les côtés d'un triangle rectangle isocèle est égale à l'aire du triangle rectangle ABC.

Un autre problème, relevant de la géométrie des solides, est de trouver le cube de volume double d'un cube donné. On ne peut résoudre ce problème au moyen de la règle et du compas car la longueur du côté du grand cube est égale à celle du plus petit multipliée par la racine cubique du nombre 2, et il est impossible de construire de telles grandeurs avec la règle et le compas. Les Grecs ont achoppé sur une telle question mais ont parallèlement élaboré des méthodes indirectes qui les ont occupés pendant fort longtemps.

D'une manière générale, à cette époque, le grand thème de la géométrie grecque, c'est l'étude des polygones réguliers, où se sont illustrés les disciples de Pythagore.

ÉMILE NOËL On voit que la géométrie a brillé d'un éclat particulier chez les Grecs à cette période. En ce qui concerne les nombres, où en étaient-ils? Est-ce qu'ils se contentaient d'un simple emprunt à des civilisations précédentes?

MAURICE CAVEING Les procédés de calcul des Grecs sont très semblables à ceux des Égyptiens : le système de numération est très comparable et peut-être y a-t-il eu des transferts de techniques dès avant l'époque hellénistique. Ce qui est certain, c'est que ces modes de calcul, largement diffusés dans toute la Grèce, se sont transmis à travers toute l'Antiquité jusqu'au Moyen Age; il existe des traces des procédés de calcul dans des textes antérieurs au IIIe siècle avant Jésus-Christ. A la période qui nous intéresse, la technique du calcul ne posait pas de problème.

Les Grecs se sont illustrés par une idée tout à fait remarquable, qui est de se servir de l'espace pour représenter les nombres. L'idée géométrique consiste alors à projeter dans l'espace les diverses réalités mathématiques. Si au lieu d'écrire les nombres au moyen d'un système de numération, on les représente par des groupes de points, on découvre des propriétés arithmétiques remarquables. Par exemple, prenons quatre points, plaçons-les en carré sur notre papier, formons un carré de quatre points. Nous avons une illustration du nombre 4. Ensuite, sur deux côtés adjacents, à l'extérieur du carré, portons d'autres points de telle manière que nous allons avoir deux points de chaque côté et un point pour l'angle. Nous ajoutons ainsi le nombre 5, le total est le nombre 9, qui est le carré du nombre 3. Si nous continuons, nous nous apercevons qu'en ajoutant toujours sur ces mêmes côtés un nombre en équerre, nous dessinons chaque fois un carré plus grand. Nous ajoutons chaque fois un nombre impair et nous obtenons chaque fois le nombre carré suivant. On obtient ainsi la suite 1, 4, 9, 16, 25, 36, etc.; la « longueur » de l'équerre à branches égales qui sépare deux carrés successifs est égale au nombre impair suivant, différence entre deux carrés successifs. Vous avez là un beau théorème d'arithmétique qui nous donne une idée de la façon dont l'arithmétique était traitée à cette époque.

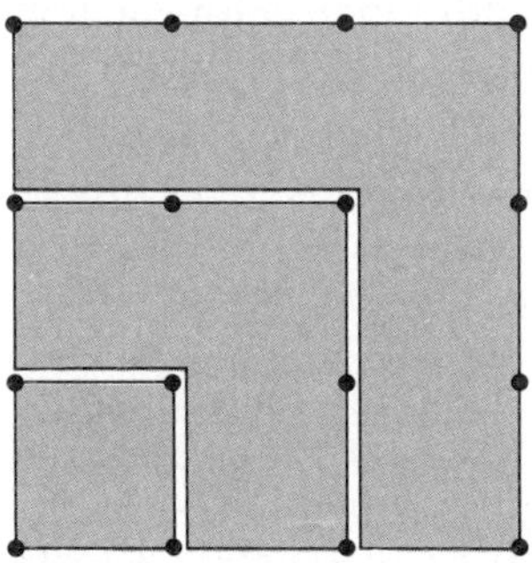

$1 + 3 + 5 + 7 = 4^2 = 16$

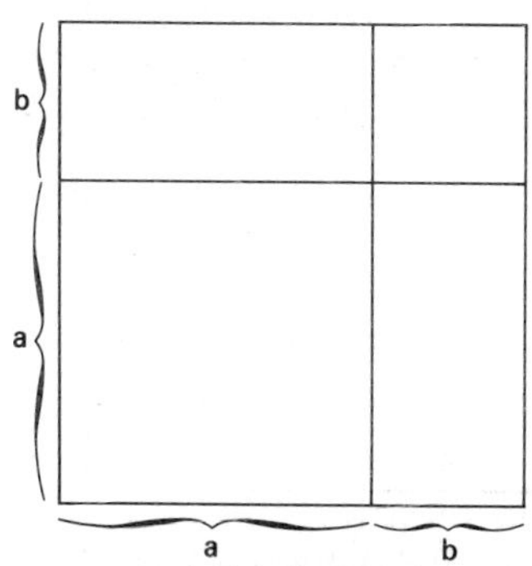

$(a + b)^2 = a^2 + 2ab + b^2$

Toute une variété de problèmes arithmético-algébriques sont résolus par la géométrie. L'un de ces problèmes consiste à vérifier que la somme des n premiers nombres impairs est un carré parfait, l'autre à montrer une identité remarquable $(a + b)^2 = a^2 + 2\,ab + b^2$.

Il faut ajouter qu'en ce qui concerne les grandeurs géométriques les Grecs se sont beaucoup intéressés aux faits de proportionnalité qui correspondent en arithmétique à la notion de proportion, de rapports équivalents : le rapport de 3 à 5 est équivalent au rapport de 6 à 10.

ÉMILE NOËL Les rapports dont vous parlez, on les appelle de nos jours des fractions et l'exemple que vous venez de donner correspond à l'égalité de deux fractions. Les Grecs ont-ils représenté géométriquement des opérations plus difficiles que les rapports, ou les fractions égales?

MAURICE CAVEING Ils inventèrent une technique tout à fait remarquable pour représenter l'addition et la multiplication géométriquement. Prenons un rectangle et mettons bout à bout la longueur et la largeur sur une même droite : nous avons une longueur équivalant au demi-périmètre et qui figure la somme de la longueur et de la largeur. Si, par ailleurs, nous considérons la surface de ce rectangle, nous aurons une représentation du produit de la longueur par la largeur. Avec cette manière de figurer l'addition et la multiplication, les Grecs savent, nous allons voir comment, résoudre géométriquement des problèmes du type suivant : connaissant le demi-périmètre et la surface d'un rectangle, construire sa longueur et sa largeur. Ces problèmes sont en géométrie tout à fait équivalents à ceux que traitaient, d'une manière purement calculatoire, les Babyloniens.

Les Babyloniens disaient : « J'ai additionné la longueur et la largeur de mon rectangle, j'ai trouvé 50, j'ai multiplié l'une par l'autre, j'ai trouvé 600, quelle est la longueur? Quelle est la largeur? Le résultat est 30 et 20. » Il est obtenu de façon purement calculatoire. Le Grec, lui, va trouver le moyen de construire, par la règle et le compas, ces solutions. Pour arriver à cela il a établi un certain nombre de relations fondamentales que les mathématiciens appellent les identités remarquables. Pour montrer à quoi cela correspond, construisons le grand carré qui a pour côté la somme de deux segments, respectivement égaux à la longueur et à la largeur du rectangle. Ce carré est divisé en quatre régions, à savoir : le carré de la longueur, le carré de la largeur et deux fois le rectangle dont on est parti. Cela correspond pour nous à la formule :

$$(x + y)^2 = x^2 + y^2 + 2\,xy.$$

ÉMILE NOËL Pour résumer, nous voyons chez les Grecs un grand intérêt pour les proportions d'une part et, d'autre part, une capacité de figurer géométriquement des relations que nous appelons maintenant des identités remarquables. Je suppose qu'il y a encore beaucoup d'autres aspects. En particulier, est-ce que les Grecs ne se seraient pas confrontés à des cas de figure où les rapports de grandeur ne correspondraient pas à une proportion juste, c'est-à-dire une fraction rationnelle?

MAURICE CAVEING C'est effectivement la pierre d'achoppement. Les Grecs sont partis de l'idée que si l'on considère deux longueurs dans une figure, il existe toujours un couple de nombres tels qu'on puisse associer un de ces nombres à l'une des longueurs et l'autre nombre à l'autre longueur. Cette idée simple, exprimée par certains penseurs, que toutes les choses correspondent à des nombres, est fausse! Les Grecs ont été amenés à découvrir que dans certaines figures il n'est pas possible de trouver un couple de nombres entiers qui représente le couple de longueurs considéré. L'un des cas les plus célèbres sans doute, l'un des premiers qui ait attiré leur attention, c'est le cas d'une figure régulière, qui s'appelle le pentagone, dont tout le monde sait que c'est une figure régulière à cinq côtés, peut-être depuis que le bâtiment qui abrite le Ministère de la Guerre aux États-Unis porte ce nom!

On sait aussi que si l'on joint les sommets du pentagone de deux en deux, on peut fabriquer une étoile à cinq branches, un pentagone étoilé. Le problème est le suivant : étant donné le côté du pentagone ordinaire et le côté du pentagone étoilé, existe-t-il un couple de nombres tels que l'un de ces nombres mesure le côté du pentagone ordinaire et l'autre le côté du pentagone étoilé? Autrement dit, est-ce qu'il existe une commune mesure de ces deux grandeurs? A leur grande surprise, les Grecs ont découvert qu'il n'y en avait pas! Pour trouver la commune mesure de deux grandeurs, les menuisiers utilisent depuis toujours un procédé très connu; il consiste à soustraire la petite grandeur de la grande, autant de fois que possible, puis à soustraire de même le reste, s'il y en a un, de la plus petite grandeur puis de soustraire de nouveau un multiple du reste, du reste précédent, etc. Si, à un moment, il n'y a plus de reste, la dernière grandeur qu'on a soustraite est une commune mesure des deux grandeurs du début. Dans la comparaison des côtés de nos deux pentagones, la géométrie montre que la soustraction

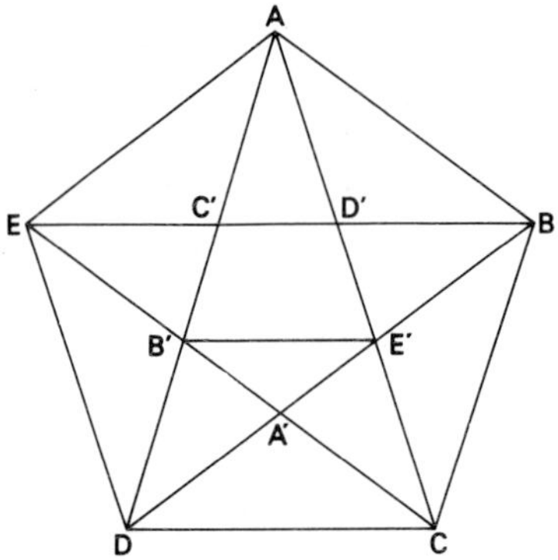

Chacun des trois angles issus d'un sommet intercepte 1/5 de cercle : ils sont égaux. Les triangles tels que AC′E sont donc isocèles et l'angle à la base est égal au tiers de l'angle au sommet du pentagone que nous appellerons *P*.
La somme des angles d'un triangle est égale à 5/3 de *P*. Donc l'angle AC′D′ = (5/3 – 3/3)P = 2/3P et l'angle EC′B′ = 2/3P. Comme l'angle EB′C′ est égal à (5/3 – 2/3 – 1/3)P, soit 2/3P, le triangle EC′B′ est isocèle. De même le triangle AC′D′ est isocèle. Par conséquent A′B′C′D′E′ est un pentagone. Enfin l'angle C′B′E valant 2/3P et AEB′ aussi, le triangle AEB′ est isocèle. De même le triangle DB′E′ est isocèle car ses angles à la base valent 1/3P. Donc :
AE = AB′; B′D = B′E; AD — AE = B′E′ ou
côté du pentagramme ADBEC – côté du pentagone ABCDE = côté du petit pentagramme A′D′B′E′C′.
En outre AE = ED′ = EA′
B′E′ = B′D′ = B′E
AE — B′E′ = EA′ — EB′ = B′A′
Côté du pentagone ABCDE — côté du petit pentagramme A′D′B′E′C′ = Côté du petit pentagone A′B′C′D′E′et l'on pourrait continuer en construisant de nouveaux petits pentagones.
Côté du petit pentagramme A′C′E′D′B′ = côté du petit pentagone A′B′C′-D′E′ = côté du nouveau petit pentagramme.
Si D_n est le côté du nième pentagone et C_n le côté du nième pentagramme, on a :
$D_n = C_n + 1$
$C_n — D_n + 1 = C_n + 1$
La soustraction ne s'arrête jamais.

ne s'arrête jamais, parce que le pentagone étoilé délimite, à l'intérieur, un petit pentagone convexe dont le côté correspond à la seconde différence dans la suite des soustractions. On peut, en traçant les diagonales de ce petit pentagone, obtenir un nouveau pentagone étoilé et continuer l'opération indéfiniment. On se trouve en présence d'une situation très curieuse, qui a laissé perplexes probablement un bon nombre de géomètres de cette époque : un certain type de proportion, de rapport, si l'on peut dire, n'avait pas d'expression numérique! Pourtant, cette proportion avait une très grande valeur esthétique puisqu'on l'a appelée plus tard, à la Renaissance, *la divine proportion*. Et ce nombre qui n'existe pas, ce rapport inexprimable, on l'a appelé le *nombre d'or*. Il vaut en notation moderne $(\sqrt{5} - 1)/2$. Tout ce qu'on peut faire dans ces cas-là, bien sûr, c'est de trouver des valeurs approchées. Voici un procédé : quand on forme une suite de nombres en partant de 1, en ajoutant sans cesse le nombre qu'on vient d'obtenir au précédent, on obtient la suite $1 + 1 = 2$, $2 + 1 = 3$, $3 + 2 = 5$, $5 + 3 = 8$, $8 + 5 = 13$, $13 + 8 = 21$, $21 + 13 = 34$, etc. Et bien, si vous mettez en rapport deux de ces nombres successifs, vous obtenez des approximations de la divine proportion. Par exemple : 8 et 5, ou bien 13 et 8, ou bien 21 et 13, ou bien, en allant beaucoup plus loin, 89 et 55, et vous avez une valeur beaucoup plus exacte : $89 : 55 = 1{,}618\ldots$; $(89 + 55) : 89 = 1{,}6179775\ldots$; etc. Plus les chiffres sont grands, meilleure est l'approximation. Ces approximations sont faciles à trouver par des raisonnements relativement simples, mais leur suite indéfinie montre qu'on n'a jamais une valeur exacte. A vrai dire, il faut démontrer qu'on ne peut exprimer ce rapport par une fraction et le démontrer par un pur raisonnement logique est quelque chose d'assez difficile.

Les Grecs d'avant Euclide, ceux de l'époque de Platon, ont fait ce raisonnement au prix de gros efforts de logique. D'abord, dans des cas particuliers : celui du pentagone et un autre cas célèbre, celui du rapport de la diagonale du carré à son côté, dont nous disons actuellement qu'il est représenté par la valeur qu'on écrit racine carrée de 2, $\sqrt{2}$, ce qui renvoie au côté du carré double, (problème analogue à celui que nous avons vu et où l'on cherchait le côté du cube double). Lorsqu'on calcule une valeur approchée dans ce cas-là, dans notre système décimal on obtient une suite indéfinie de décimales qui ne présente aucune périodicité. Ainsi, dans les deux cas, celui de la diagonale du pentagone et celui de la diagonale du carré, les Grecs se sont retrouvés confrontés à des grandeurs qu'on appelle incommensurables. Le problème de la diagonale du carré s'est trouvé posé à cause du fameux théorème du triangle rectangle appelé théorème de Pythagore. A partir de là, la géométrie a dû entièrement revoir ses rapports avec l'arithmétique et c'est justement de cette réforme que sortira l'œuvre synthétique d'Euclide.

ÉMILE NOËL On peut se demander quelle est la distance entre un tel constat et la preuve logique de sa véracité ?

MAURICE CAVEING La découverte en elle-même a certainement causé une très grande surprise, qui a dû induire des recherches passionnées. Nous avons des légendes sur les premiers géomètres qui auraient été confrontés à cette difficulté, mais laissons-les de côté pour le présent. Il faut voir qu'il y avait, pour un Grec de l'époque, quelque chose d'un peu « illogique » à trouver des grandeurs dont le rapport n'était pas numériquement exprimable, alors que toute sa culture esthétique et philosophique reposait sur le postulat opposé. Ce choc a été sans doute à l'origine de recherches de logique. Je puis vous donner un exemple. Dans cette affaire d'incommensurabilité, il y a plusieurs sortes de preuves. Il y a des preuves géométriques qui sont difficiles à administrer parce qu'il faut établir auparavant des théorèmes assez compliqués qui sont l'équivalent de ce que l'on appelle de nos jours les théorèmes de convergence. Mais il y en a une autre qui est beaucoup plus brève, et qui repose uniquement sur la distinction des nombres pairs et impairs.

ÉMILE NOËL Alors, présentez-nous le raisonnement.

MAURICE CAVEING Voici. Pour prouver que le côté d'un carré et sa diagonale sont incommensurables, c'est-à-dire qu'il n'existe pas une fraction qui exprime leur rapport, on raisonne de la manière suivante. Supposons que cette fraction existe. Il existera alors deux nombres entiers, c pour le côté, d pour la diagonale, qui mesureront respectivement le côté de la diagonale et, comme la diagnonale est le côté du carré double du carré dont on parle, ce qu'on sait par le théorème de Pythagore, on aura la relation : $d^2 = 2\ c^2$. Si les nombres $c, d,$ sont tous deux pairs, leurs carrés le sont et on divise les deux nombres par 2. On recommence la division par 2 autant de fois qu'on le peut. Supposons que nous ayons fait toutes ces divisions. Nous arrivons au moment où l'un des deux nombres de la relation n'est plus pair. Nous continuons à les appeler c et $d,$ quoiqu'ils soient le résultat des divisions successives. L'un des deux nombres au moins n'est plus pair. Or, si nous examinons la relation $d^2 = 2\ c^2$, on voit clairement que d^2 est pair puisqu'il est égal au double d'un autre nombre. Par conséquent, le nombre d est pair et c'est le nombre c qui est impair. Mais si le nombre d est pair, il est égal à deux fois sa moitié. Notre égalité devient : $d^2 = 4\ d'^2 = 2\ c^2$. Comme nous avons 4 d'un côté

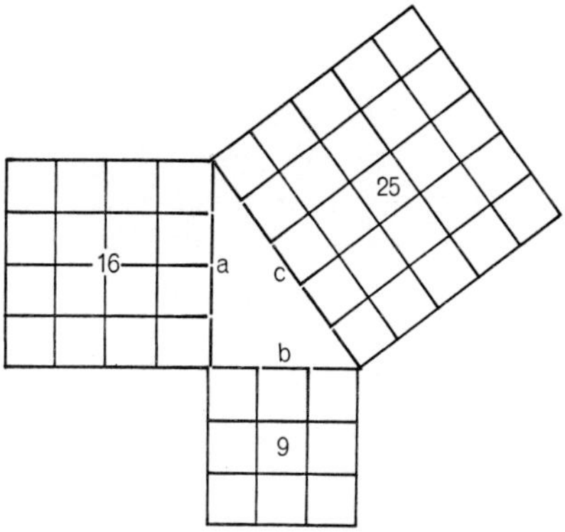

$a^2 + b^2 = c^2$

$16 + 9 = 25$

$c = \sqrt{25} = 5$

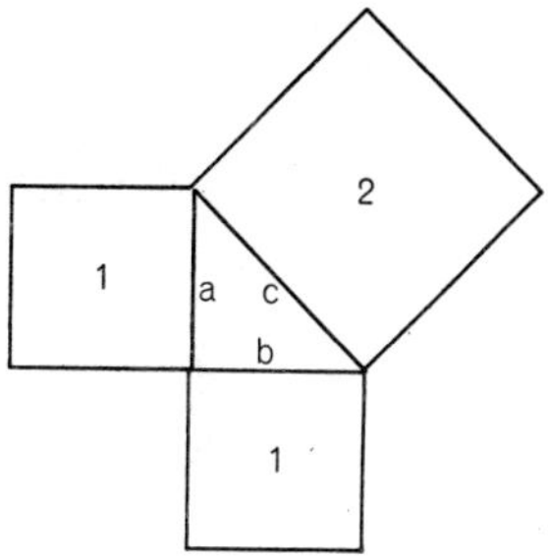

$a^2 + b^2 = c^2$

$1 + 1 = 2$

$c = \sqrt{2}$

Les nombres irrationnels intriguaient les Grecs à qui il semblait paradoxal que des nombres qui n'étaient ni entiers ni rationnels puissent être représentés géométriquement. Dans le triangle ABC l'hypoténuse est de longueur $\sqrt{2}$. Cette longueur, facile à construire, est incommensurable.

et 2 de l'autre, nous divisons par 2 les deux membres de l'égalité et nous obtenons : $2\,d'^2 = c^2$. Alors c^2 étant égal à deux fois un autre nombre se trouve être pair, et si le carré est pair, le nombre l'est aussi, donc c est pair. Or, nous avons montré précédemment que c devait être impair. Nous avons donc une contradiction ; c ne peut pas être à la fois pair et impair, c'est absurde. Autrement dit, l'hypothèse que nous avons faite conduit à une contradiction, nous devons donc la rejeter en vertu du principe logique que toute hypothèse qui conduit à une contradiction est invalide. Si elle est invalide, c'est l'hypothèse contraire qui est vraie et ainsi le théorème d'incommensurabilité est démontré indirectement.

ÉMILE NOËL C'est ce qu'on appelle une démonstration par l'absurde.

MAURICE CAVEING Une démonstration indirecte que certains auteurs, dans l'Histoire, ont d'ailleurs récusée.

153

ΕΥΚΛΕΙ-
ΔΟΥ ΣΤΟΙΧΕΙΟΝ
ἕΒΔΟΜΟΝ.

EVCLIDIS ELEMEN-
TVM SEPTIMVM.

ὍΡΟΙ.

α

Μονάς ἐστι, καθ' ἣν ἕκαστον τῶν ὄντων ἓν λέγεται.

DEFINITIONES.

1

Vnitas eſt, ſecundum quam entium quodque dicitur vnum.

β

Ἀριθμὸς δέ, τὸ ἐκ μονάδων συγκείμενον πλῆθος.

2

Numerus autem, ex vnitatibus compoſita multitudo.

Début du livre VII. Édition gréco-latine. Paris, 1573.

Première page du livre VII des *Éléments* d'Euclide.

IV
Euclide

Maurice Caveing

ÉMILE NOËL Euclide, tout le monde connaît : on sait que c'est un grand mathématicien de la Grèce antique mais, en vérité, sait-on qui est exactement Euclide ?

MAURICE CAVEING En fait, nous avons sous le nom d'Euclide, un certain nombre d'ouvrages dont un important ouvrage de mathématiques intitulé : *Les Éléments,* que l'on peut dater d'environ 300 avant Jésus-Christ. Nous ne savons pas qui était Euclide, nous n'avons pas de renseignements sur sa vie. Certains pensent que c'est une rubrique, un nom qu'un groupe de mathématiciens aurait pris, comme cela s'est trouvé plus tard. D'autres pensent que c'était un individu, mais l'essentiel, c'est que nous avons *Les Éléments* d'Euclide, qu'ils nous sont parvenus par des manuscrits arabes, latins, grecs, redécouverts à la Renaissance, et que de depuis cette époque, c'est le « best-seller » de la librairie après la Bible.

ÉMILE NOËL Comment se compose l'ouvrage ?

MAURICE CAVEING *Les Éléments* comportent 13 *livres,* en tout 465 *énoncés* suivis de leurs démonstrations.

ÉMILE NOËL Je suppose que l'on retrouve des thèmes qu'on a déjà eu l'occasion d'aborder avec les mathématiciens plus anciens ?

MAURICE CAVEING Certainement. *Les Éléments* représentent le dernier stade de la réécriture d'un traité commencé probablement avant Platon, mais les stades antérieurs ont été perdus. Ces livres étaient copiés à la main et quand un livre était remplacé par un nouveau qui était plus complet, plus satisfaisant, la trace de l'ancien se trouvait naturellement perdue. Mais la mise au point des *Éléments* dont Euclide a été le dernier rédacteur s'étend depuis le Ve siècle, vers 420, jusque vers les années 300 avant Jésus-Christ. C'est par conséquent une synthèse des connaissances mathématiques de l'époque et l'ouvrage se caractérise par l'ordre, par la composition rigoureuse.

Cela commence par la géométrie élémentaire. Par quatre livres qui contiennent la géométrie plane élémentaire, c'est-à-dire les énoncés qui concernent les propriétés des triangles, des quadrilatères, le théorème de Pythagore que nous avons vu auparavant, les surfaces qui ont la même aire. Euclide montre comment un parallélogramme peut être équivalent à un triangle, etc. Ce qui permet de réaliser au cours de ces quatre livres

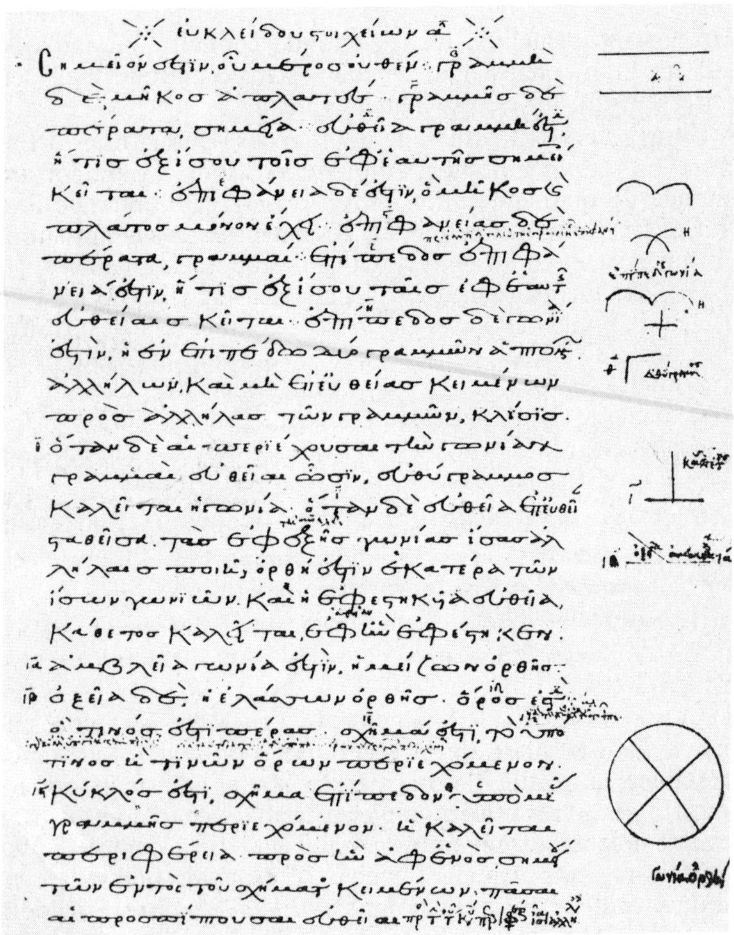

Manuscrit des *Éléments* d'Euclide ; définitions du Point et de la Droite.

la quadrature d'une figure plane rectiligne. Nous avons défini précédemment ce qu'est une quadrature : la transformation d'une figure jusqu'à ce qu'on obtienne un carré équivalent que l'on sait mesurer. Ensuite, on passe à la géométrie du cercle, aux propriétés des droites tracées dans un cercle : les cordes, les diamètres. Et l'on termine ces quatre livres par les figures planes régulières : les polygones réguliers, l'hexagone et le pentagone, convexe ou étoilé ; on apprend comment les inscrire dans un cercle donné, comment les construire à une échelle donnée. Dans une perspective à la fois esthétique et harmonieuse, Euclide enseigne ce que devait savoir un jeune Grec en géométrie plane.

ÉMILE NOËL Avec l'équerre et le compas ?

MAURICE CAVEING Avec la règle et le compas.

ÉMILE NOËL Voilà pour les premiers livres. Comment, en fonction de la composition rigoureuse que vous évoquiez, s'articule la progression et de quoi traitent les livres suivants ?

MAURICE CAVEING Le tout s'enchaîne de façon logique, seulement il y a des paliers à franchir, il faut que la théorie mathématique se développe pour qu'on puisse aborder une nouvelle question. Il y a notamment la difficulté de comprendre les figures semblables, c'est-à-dire qui ont même forme, qui ont leurs angles égaux, mais qui sont de grandeurs différentes. Pour étudier les figures planes semblables, il faut connaître la théorie des proportions entre grandeurs. Dans le *livre V*, une série d'énoncés indiquent comment ont peut traiter un rapport entre deux grandeurs.

Je prends un exemple : supposez que vous êtes devant l'Église Saint-Germain l'Auxerrois ; vous contemplez la colonnade de Perrault du Louvre (chaque colonne est représentée par son axe). Remarquez devant cette colonnade une grille composée de barreaux. L'espacement des axes des colonnes représente une certaine distance, l'espacement des barreaux de la grille en représente une autre. Les deux distances ont entre elles un rapport qui peut être défini au moyen de la place des barreaux successifs de la grille entre les colonnes numérotées de la colonnade. Si vous reportiez sur une feuille de papier une maquette de ce dispositif en respectant les numéros d'ordre, vous obtiendriez, si vous pouviez le poursuivre à l'infini, de telle manière que jamais un barreau ne soit hors de sa place, une représenta-

Grille et colonnade de l'Assemblée nationale.

tion exacte du rapport entre les deux grandeurs. Si ce rapport était altéré, si peu que ce fût, il arriverait tôt ou tard qu'un barreau ne se situe pas entre les colonnes où il doit être. La maquette doit être « proportionnelle » à l'original.

ÉMILE NOËL Et ceci est nécessaire pour conceptualiser ce qu'on appelle les figures semblables ?

MAURICE CAVEING Certainement. C'est indispensable aussi pour établir le lien avec la tradition esthétique grecque qui faisait usage des proportions dans le domaine architectural, notamment pour la construction des temples. Le dispositif illustré par l'exemple de la colonnade et de la grille demeure valable même lorsque la proportion n'est pas représentable par une fraction (c'est-à-dire un ensemble de deux nombres entiers). La similitude est à la base de toute la mathématique classique. Pourquoi ? Parce que si deux grandeurs varient en proportion et que, pendant que l'une varie de manière continue, l'autre reste toujours en proportion avec elle, vous avez tout simplement ce qu'on appelle une fonction. L'original et la maquette ne sont alors que la représentation de deux états de cette fonction. Mais le concept de fonction ne sera dégagé que beaucoup plus tard.

ÉMILE NOËL Est-ce que c'est dans ce chapitre que se traite ce qu'on appelle le théorème de Thalès ?

MAURICE CAVEING Et qui n'est pas de Thalès! C'est une appellation qu'on lui a sans doute donnée à la Renaissance, parce qu'on a pensé que Thalès était le premier à s'être servi des proportions pour mesurer la hauteur des Pyramides. C'est effectivement dans le *Sixième livre* que se trouve le célèbre théorème sur les triangles semblables qui ont deux côtés parallèles, et que la tradition appelle donc le théorème de Thalès. Il a l'avantage de remplacer les conditions abstraites de proportionnalité, qui sont très difficiles à définir dans le *Cinquième livre*, par celles, géométriques et plus intuitives, du parallélisme. Lorsque vous coupez les deux branches d'un angle par deux droites parallèles, vous découpez sur les deux branches quatre segments, qui sont proportionnels et qui définissent une proportion à quatre termes.

ÉMILE NOËL Vous n'avez traité, pour le moment, que de géométrie. Or, je suppose qu'Euclide ne néglige pas l'arithmétique?

MAURICE CAVEING Du tout. Cette théorie des proportions qui est très abstraite, et qui est probablement due à un contemporain de Platon et d'Aristote, nommé Eudoxe de Cnide, permet de traiter les proportions numériques comme une sorte d'application dérivée, comme un cas particulier. C'est pourquoi, après le *livre VI*, qui traite des figures semblables, nous avons trois livres d'arithmétique classique, les *livres VII, VIII* et *IX*, avec la théorie des nombres entiers, le plus grand commun diviseur de deux nombres, les nombres premiers, la divisibilité, les proportions entre quatre nombres, le plus petit commun multiple, etc. Nous avons aussi ce qu'on appelle les proportions continues, où le deuxième et le troisième termes sont identiques : 1 est à 2 comme 2 est à 4, 4 à 8, 8 à 16, 16 à 32... Ce qui donne naturellement en ce cas la série des puissances : 2, 2^2, 2^3, 2^4, 2^5, etc. C'est ainsi qu'est abordée, du point de vue arithmétique, la théorie des puissances qui permettra de faire celle des racines et, par conséquent, dans le *livre X*, de traiter les grandeurs incommensurables que nous avons vues auparavant.

ÉMILE NOËL Le *livre X* traite donc des grandeurs qu'on avait abordées précédemment de façon géométrique; peut-on envisager de traiter les problèmes autrement?

MAURICE CAVEING Dans le *livre X*, le traitement est toujours géométrique, mais ce traitement géométrique s'appuie sur une théorie arithmétique qui permet d'harmoniser, en quelque manière, les deux points de vue. Certains énoncés, qui sont traités arithmétiquement dans le *livre VIII,* apparaissent sous leur forme géométrique dans le *livre X.* On arrive donc à la théorie des grandeurs incommensurables ; ces grandeurs qui avaient tellement surpris les Anciens, 150 ans avant Euclide. On les rationalise, on en fait une théorie logique..

ÉMILE NOËL Il nous reste maintenant à aborder la géométrie dans l'espace.

MAURICE CAVEING Tout à fait. Une fois franchi le *livre X,* qui comprend 115 propositions, qui est extrêmement long, compliqué, abstrait et touffu, au point que des géomètres de la Renaissance l'ont appelé « la croix du mathématicien », un Grec a en main tous les éléments pour résoudre les problèmes concernant les solides, la géométrie dans l'espace. Ce *livre X* est d'ailleurs, de nos jours, presque sans usage, parce que nous en traitons le contenu algébriquement, de manière beaucoup plus rapide. Le Grec mathématicien peut établir par la théorie la formule du volume de la pyramide, du volume du cône, du volume de la sphère, et apprendre à construire à l'intérieur d'une sphère les solides réguliers : la pyramide à quatre faces, le cube, l'octaèdre, l'icosaèdre (volume régulier à vingt faces) et enfin le célèbre dodécaèdre qui est formé de 12 pentagones et qui, inscrit dans la sphère, est un symbole pythagoricien de l'Univers. Or les côtés des faces de ces solides, appelés aussi les arêtes des polyèdres, par rapport au rayon de la sphère dans laquelle ils sont inscrits, sont des grandeurs incommensurables. On ne peut donc effectuer leur construction que si on dispose de la théorie du *livre X,* à laquelle on ajoutera les livres arithmétiques d'une part, et le *livre V* sur les proportions de l'autre. C'est un enchaînement tout à fait impressionnant.

ÉMILE NOËL Peut-on considérer que ceci représente la somme de la connaissance mathématique de l'époque ?

MAURICE CAVEING Pas tout à fait. C'est le cours supérieur, ce qu'un bon étudiant d'Alexandrie, dans les années 300 avant Jésus-Christ, devait avoir comme bagage en sortant de « l'Université ». Il va cependant de soi que *Les Éléments* servent à démontrer encore d'autres propriétés, d'autres théorèmes, par lesquels les mathématiques continuent de progresser. Les Grecs sont très conscients de cette progression continue, mais pensent, à juste titre, qu'à certaines étapes de l'histoire des mathé-

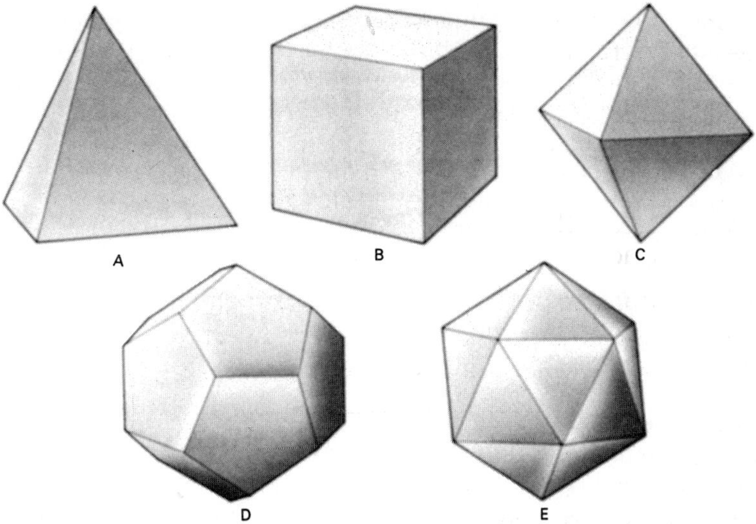

Les cinq premiers polyèdres euclidiens : *A,* la pyramide, *B,* le cube, *C,* l'octaèdre, *D,* l'icosaèdre et *E,* le dodécaèdre.

matiques, on peut résumer en un traité tout ce qui est nécessaire et suffisant, sous une forme logique définie.

ÉMILE NOËL Mais est-ce que cette organisation, très serrée, n'est là que pour servir des buts pédagogiques ?

MAURICE CAVEING Je ne le pense pas. Cet enchaînement logique, cet ordre des parties que l'on veut le plus rigoureux possible, n'est pas simplement une méthode d'apprentissage. D'ailleurs, quand on passe du *livre IV* au *livre V,* c'est comme si on franchissait une falaise. Il y a un saut considérable dans l'abstraction et la progression « en pente douce » ne peut pas être ménagée. Cette armature logique est plutôt une assurance contre l'erreur. Les Grecs s'étaient aperçus qu'il y avait des choses qu'ils croyaient aller de soi et qui n'allaient pas de soi, comme les grandeurs incommensurables. Ils ont voulu avancer en toute sécurité. C'est une assurance contre le risque.

ÉMILE NOËL Passons au côté formel. Comment se présentent ces livres ?

MAURICE CAVEING Quand on lit les 13 *Livres,* on a une suite d'énoncés très soigneusement écrits, du point de vue stylistique, d'une écriture très dépouillée. Chaque énoncé est suivi de ce qu'on appelle une démonstration, c'est-à-dire d'une preuve logique. Ces énoncés s'enchaînent et impliquent une lecture ordonnée puisque, pour démontrer certains d'entre eux, il faut connaître les énoncés antérieurs, avoir la certitude de leur validité. C'est en ce sens qu'il y a chaîne. Ce terme sera employé ultérieurement par Descartes, pour décrire l'idéal des géomètres : « ces longues chaînes de raison dont les géomètres ont coutume de se servir ». Le problème est de savoir à quoi on les accroche. Toute chaîne est accrochée quelque part. Là est le problème du point de départ : comment doit-on commencer?

ÉMILE NOËL Il faut énoncer des définitions, des postulats... Les fameux postulats d'Euclide!

MAURICE CAVEING Voilà! Pour commencer une chaîne, vous avez plusieurs manières de procéder. Vous pouvez, dans un traité de théologie, commencer par la Révélation. Vous prenez les Écritures, comme point de départ, et ensuite vous construisez votre théologie. Vous pouvez construire une chaîne de raisons philosophiques à partir d'un énoncé du type de celui de Descartes : « *Je pense donc je suis* », considéré comme point de départ. Ensuite la moulinette marche, plus ou moins bien d'ailleurs. La mathématique pose aussi ce problème du point de départ, et les Anciens s'en étaient aperçus. Ils savaient que si l'on change le point de départ, le reste change aussi. Il est très probable qu'Aristote (d'après des études récentes) se doutait que ce n'est pas dans tous les cas que la somme des angles d'un triangle est égale à deux angles droits, car, si on trace des triangles sur une sphère, il est très facile d'en tracer qui ont trois angles droits. On a en tout cas des raisons de penser à l'heure actuelle qu'il savait cela très bien.

Les Grecs ressentirent la nécessité d'un premier type d'énoncés, les définitions. En mathématique, on ne doit parler que de ce qui est bien défini. Les mots ont un sens univoque, dans le traité tout entier on les emploie dans le même sens. C'est le premier point.

ÉMILE NOËL Sans doute a-t-on besoin de définitions précises mais peut-on tout définir?

MAURICE CAVEING C'est impossible, ce serait aller à l'infini. Les définitions souffrent d'une certaine imperfection parce qu'il y entre des mots qui sont considérés comme étant connus du lecteur, et comme étant compris dans le même sens par tout le monde. C'est là un point de départ qui a sa faiblesse. Les logiciens, par la suite, l'on fait remarquer. Quand on considère la première définition du traité, celle du point, à savoir : « *Le point est ce dont il n'y a pas de partie* », on peut demander : « *qu'est-ce qu'une partie?* » Ce n'est pas défini. On prend donc appui sur le langage courant. Ce ne sera pas du tout la même chose dans les mathématiques du XXe siècle, mais cela est une autre histoire.

ÉMILE NOËL A propos d'Euclide, on a aussi entendu parler de postulats, d'axiomes... pas seulement de définitions... alors?

MAURICE CAVEING Prenons si vous voulez, les axiomes, c'est le plus simple : les axiomes sont les points d'appui des raisonnements. Dans un raisonnement, on se sert sans cesse de relations tout à fait élémentaires qui caractérisent les opérations mathématiques. La somme d'une quantité et d'une autre quantité par exemple est plus grande que chacune de ces quantités prise isolément. Cette propriété fondamentale nous permet de définir pour les grandeurs additives la relation « plus grand que ». Autre exemple, la propriété bien connue de la transitivité de l'égalité : si une quantité *A* est égale à une quantité *B,* et que la quantité *B* soit égale à une quantité *C,* alors la quantité *A* est égale à la quantité *C.* Les axiomes énoncent certaines de ces relations élémentaires que, de nos jours, on appelle des relations de structure dans les ensembles; à l'époque, on les considérait comme immédiates et indubitables. Les Grecs ont eu le génie de commencer à les identifier. Ils ne les ont pas toutes dégagées, mais ils en ont reconnu un nombre suffisant pour rendre rigoureux leurs raisonnements. Les axiomes ne posent pas de problèmes au géomètre, ils ne posent que des problèmes métaphysiques, notamment de savoir si ce sont des évidences de la raison naturelle ou non. Ce sont les philosophes qui ont posé ce type de questions par la suite; du point de vue mathématique, les axiomes sont fonctionnels, ils opèrent.

ÉMILE NOËL Mais alors... la différence avec les postulats?

MAURICE CAVEING Les postulats sont des énoncés qui n'ont pas un caractère indubitable, mais sans lesquels il n'y a pas de géométrie. Il n'y a pas de postulat en arithmétique chez Euclide, il y en a en géométrie. Prenons l'exemple de l'affirmation que certains objets existent : qu'entre deux points, il y a toujours une droite, que l'on peut mener une droite entre deux points. C'est une affirmation, on n'en a pas de démonstration.

ÉMILE NOËL Cela veut dire : admettez que ceci est vrai...

MAURICE CAVEING ... et admettez que nous allons bâtir la géométrie là-dessus. Examinons d'autres postulats : deux droites passant par les deux mêmes points ne peuvent enclore un espace, ce qui veut dire que si deux droites passent par les deux mêmes points, elles sont confondues. En voici un autre : si l'on prend un point et une distance quelconque, on peut toujours, prenant ce point comme centre, construire un cercle à cette distance, qui sera la longueur du rayon du cercle. Il s'agit là également d'un postulat, qui signifie qu'on peut le faire avec n'importe quel rayon, avec n'importe quelle distance. On demande au lecteur, à l'élève, au mathématicien de l'admettre. Sinon, il n'y a pas de géométrie, ou alors il y en a peut-être une autre, mais pas celle qu'on veut faire. Voici encore un autre postulat : on peut prolonger une droite à l'infini dans les deux sens. C'est se donner l'infinité, l'illimitation de l'espace géométrique. Vous voyez que ce n'est pas vrai dans un espace riemannien qui a pour modèle la surface d'une sphère, sur laquelle le « plus court chemin » est la circonférence d'un cercle passant par le centre de cette sphère. Enfin, parmi ces postulats, le plus célèbre de tous : « *par un point pris hors d'une droite on ne peut mener qu'une parallèle à cette droite* ». C'est le postulat de base qui permet de construire un monde géométrique qui a certaines propriétés et qu'on appelle pour cette raison le monde euclidien. Dans ce monde les mouvements des corps solides ont certaines propriétés : au cours de leurs déplacements, les translations et les rotations, dans l'espace euclidien, les solides ne se déforment pas.

ÉMILE NOËL A partir du moment où l'on pose des postulats pour construire une géométrie, il peut y avoir des gens pour les mettre en doute. Le cas s'est-il produit à l'époque d'Euclide?

MAURICE CAVEING Les contestataires sont venus par la suite. L'époque hellénistique et l'époque romaine sont des époques de grand brassage d'idées; toutes les doctrines sont comparées entre elles, jaugées, revues, discutées, etc. Il y a eu, sinon des géomètres qui ont construit d'autres géométries, comme ce sera le cas au XIXe siècle, du moins des penseurs qui ont analysé les présupposés de la géométrie et qui ont dit qu'ils n'étaient pas aussi solides qu'on le croyait. En tout cas, les postulats n'étaient pas la vérité absolue, mais une vérité résultant d'un choix, et qu'il fallait bien le savoir. De là à dire qu'il n'y a pas de vérité du tout, il y a effectivement un pas que certains ont pu franchir. Parmi eux, quelqu'un dont le nom même rappelle le côté empirique : Sextus Empiricus. Ce philosophe refuse en totalité les abstractions de la géométrie pure et ne veut considérer que les objets qui tombent sous les sens, et pour lesquels, par conséquent, les axiomes, les postulats et les définitions abstraites ne sont pas vérifiés.

ÉMILE NOËL Pour ceux qui admettent, à l'époque, l'ensemble de l'œuvre d'Euclide, quelle en est la signification?

MAURICE CAVEING C'est une signification qu'on ne peut comprendre que dans un monde où il existe des droites illimitées, qui n'ont aucune épaisseur, des cercles idéaux dont la circonférence n'a également aucune épaisseur, et des angles à partir desquels on peut observer des points à des distances éventuellement considérables. C'est le monde de l'astronomie grecque. Quand on regarde deux étoiles, on mesure leur distance mutuelle au moyen d'un angle, on suppose que le rayon lumineux est une droite, et l'on suppose aussi que, pendant la nuit, l'ensemble du ciel tourne et que chaque point lumineux décrit un cercle. Or pour les Grecs, la connaissance du cosmos faisait partie de la sagesse, de la philosophie. C'était fondamental; c'était leur manière de se situer par rapport aux choses, par rapport aux dieux. Outre les conséquences pratiques que cela pouvait avoir, comme de construire le calendrier et de pouvoir naviguer en toute sécurité, une représentation mathématique du cosmos, une représentation géométrique du ciel et de l'Univers était pour eux de première importance. A ce titre, les mathématiques faisaient partie de la culture de l'homme grec. La mathématique euclidienne était liée à sa conception du monde. Un autre type de mathématique ne leur aurait pas servi dans ce dessein, étant donné qu'ils supposaient, à la suite d'Aristote, que l'Univers est enveloppé par une sphère à l'intérieur de laquelle l'espace et les corps vérifient les propriétés de la géométrie d'Euclide. Il y avait ainsi un système de compatibilité entre géométrie, astronomie et physique.

Tête imaginaire d'Archimède.

V
Archimède

Jean Dhombres

ÉMILE NOËL Jusqu'à présent, aussi bien pour les savants babyloniens qu'égyptiens, nous étions restés dans l'anonymat. Avec Archimède nous allons enfin évoquer la vie d'un mathématicien. Même pour Euclide, nous n'avions qu'un nom et des écrits; cette fois, nous connaissons des éléments de biographie.

JEAN DHOMBRES Archimède, fils de l'astronome Phidias, est un Grec né à Syracuse, en 287 avant Jésus-Christ. On sait que sa famille était liée au tyran local Hiéron II. On sait également qu'il a fait un voyage, essentiel pour lui, en Égypte, à Alexandrie, où il a rencontré les grands élèves de l'école euclidienne, notamment Érathosthène et quelques autres. On sait enfin qu'il est mort en 212 dans des conditions dramatiques puisque ce fut au moment de l'occupation de la ville de Syracuse par les Romains. C'était l'année 542 de Rome.

ÉMILE NOËL Comment Archimède est-il devenu ce grand mathématicien et ce grand ingénieur? Quelle a été sa formation?

JEAN DHOMBRES Sa formation a lieu essentiellement en Égypte. Archimède a lu Euclide; non seulement il l'a lu mais il l'a médité et il est le premier de l'Antiquité à enrichir et dépasser les méthodes d'Euclide. Vous avez dit ingénieur; en fait, pendant l'Antiquité, c'est essentiellement comme ingénieur qu'Archimède fut célèbre, plus que célèbre. C'est le premier ingénieur de l'Antiquité et il dépasse en renommée les ingénieurs égyptiens ou grecs dont les noms sont conservés dans les mythes, tels Dédale ou Imoteph d'Égypte. Sur Archimède comme ingénieur nous avons bien des anecdotes, et une est très connue : Hiéron avait un diadème mais il n'était pas sûr que le bijoutier n'y avait pas incorporé d'autres métaux que de l'or pur. Archimède, prenant son bain, découvre ce que chacun peut découvrir, à savoir la poussée dirigée vers le haut. Il en déduit aussitôt une méthode pour calculer la densité d'un corps, donc pour vérifier si le bijoutier était un filou ou pas, c'est-à-dire si la densité du diadème était bien celle de l'or pur et il sort tout nu en criant : « Eureka », j'ai trouvé!

Mais nous avons d'autres exemples de cette ingéniosité d'Archimède. Un exemple qui touche au théorique est le suivant. Archimède agissant vraisemblablement par un système de palans, de leviers et de poulies parvient tout seul à faire se mouvoir une grande galère du roi Hiéron, dont le halage demandait habituellement une douzaine d'hommes. En fait, ce qu'Archimède veut démontrer c'est qu'une force extrêmement petite peut déplacer quelque chose de très gros et il s'oppose ainsi explicitement à l'impératif théorique d'Aristote assurant qu'il y avait un seuil pour l'action des forces. Selon Aristote, une petite force ne pourrait pas agir sur des choses trop importantes; il y a un seuil minimal. La démonstration d'Archimède est une démonstration, non pas théorique, mais pratique. D'un seul doigt, je déplace le bateau...

ÉMILE NOËL ... avec une combinaison de leviers, je crois?

JEAN DHOMBRES Avec une combinaison de poulies. D'ailleurs Archimède est également célèbre pour avoir, précisément pendant le siège de Syracuse, mis au point une série de catapultes qui reposent effectivement sur le principe du levier. Il est également célèbre pour des réalisations techniques qui nous restent aujourd'hui : la pompe d'Archimède, la vis sans fin d'Archimède. Ce sont des réalisations qui font partie du domaine courant pour les applications. Archimède lie constamment technique et théorie, puisqu'il disait au roi Hiéron : « Donne-moi un point d'appui et je soulèverai le monde ». Il y a là deux idées : l'idée du levier et l'idée, qu'au fond, le monde est organisé par des forces mécaniques. Pendant toute l'Antiquité, on a voulu opposer l'ingénieur au mathématicien pur, et Plutarque nous dit que la célébrité d'Archimède n'est pas tellement due à sa capacité technique. Il prétend qu'Archimède n'était ingénieur que pour s'amuser, pour s'ébattre, dit exactement Plutarque, et ainsi qu'il n'avait imaginé des inventions techniques que pour distraire le roi Hiéron; le roi souhaitait que la géométrie fût un peu plus pratique que la géométrie « à

Vis sans fin et vis à eau : croquis de la fin du XVIe siècle.

la mode euclidienne » pour laquelle, comme on sait par la réplique d'Euclide, il n'y a pas de voie royale.

Au XVIIIe siècle, on commence déjà à estimer autrement le rôle d'Archimède. A cette époque, on sent que les démonstrations de géométrie pure étaient les plus remarquables, mais on mesure aussi toute la force des inventions techniques d'Archimède. Je voudrais signaler à ce propos un texte de Montucla, un historien des mathématiques de la fin du XVIIIe siècle. A cette époque l'utilitarisme régit la Science comme en témoigne l'*Encyclopédie* de Diderot et d'Alembert. Montucla reprend d'abord la tradition de Plutarque : « Quoique ses recherches tendissent pour la plupart à une fin utile, il regarda cependant toujours la pratique comme une vile esclave de la théorie, et toutes ses ingénieuses machines que la défense de sa partie ou d'autres circonstances lui firent imaginer n'étaient selon lui que des jeux de la géométrie dont il dédaigna même de laisser la description par écrit. » Cependant Montucla ajoute : « C'est cette délicatesse, dont nous ne pouvons lui savoir gré, qui nous a privés d'une foule d'inventions dont il ne reste plus aucune trace. » Et Montucla conclut : « Ce qui fournit une réponse à ces personnes qu'on entend tous les jours déclamer contre la théorie et la traiter, ou peu s'en faut, de vaine curiosité. Que faut-il de plus pour les confondre que cet exemple qui leur montre dans le même homme, et l'auteur des plus merveilleuses inventions et l'esprit le plus profond dans la théorie. » J'espère qu'un professeur d'Université discutant avec M. Chevènement en un certain temps, ou avec ses successeurs aujourd'hui, ne tiendrait pas un autre langage.

ÉMILE NOËL Il semble qu'Archimède soit un des premiers à faire de la vulgarisation scientifique à l'instigation du roi qui lui demande de rendre plus agréables et plus accessibles les mathématiques. Peut-être même peut-on établir un lien entre cette démarche et les inventions concrètes, le pragmatisme que vous nous avez montré. Mais sait-on par quels processus il réalise ses découvertes : par référence à ses connaissances ou par intuition?

JEAN DHOMBRES Archimède peut être considéré comme un vulgarisateur et un vulgarisateur de la mathématique la plus élaborée de son temps, celle d'Euclide. Le bel exemple est celui des miroirs paraboliques. Qu'est-ce que c'est qu'un miroir parabolique? Eh bien, c'est tout simplement un miroir dont la surface est un paraboloïde de révolution, c'est-à-dire une surface obtenue par une parabole que l'on fait tourner autour de son axe. La propriété remarquable de la parabole c'est que si l'on fait arriver un rayon lumineux parallèle au diamètre de la parabole, en se réfléchissant sur le miroir, sur la parabole donc, le rayon lumineux passe par un point fixe qui est le foyer. L'étymologie du mot est claire : foyer de la parabole, feu. Par conséquent, en utilisant la lumière du Soleil, si j'ai suffisamment de miroirs paraboliques, je pourrais orienter ces miroirs et concentrer leurs actions en un certain lieu, par exemple les cordages

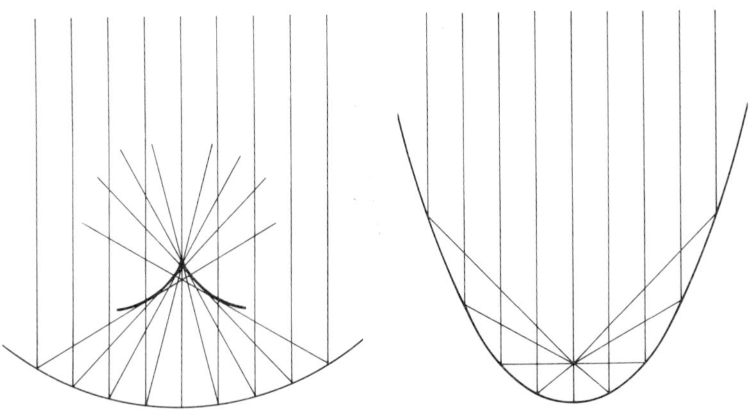

Caustique d'un cercle et d'une parabole.

des vaisseaux qui attaquent la ville de Syracuse et ainsi les brûler. Du moins c'est ce que retient la légende. Voici donc une application et une vulgarisation des propriétés du foyer d'une parabole, ce qui est une propriété d'ordre théorique de la parabole.

ÉMILE NOËL Est-ce que vous pensez, par exemple, qu'il a pu, connaissant les propriétés des foyers de la parabole, penser à utiliser les rayons lumineux, ou est-ce qu'un certain nombre d'essais successifs ont été faits et l'ont amené à cette solution? En d'autres termes, est-ce à partir de l'idée théorique qu'il en est arrivé à une application, ou est-ce que c'est un certain nombre d'expérimentations qui l'ont amené à la théorie?

JEAN DHOMBRES Dans le cas de la parabole, j'ai tendance à croire que c'est la théorie, mais dans d'autres cas, et on pourra en voir un exemple avec ce qu'on appelle la quadrature de la parabole, je pense que ce sont au contraire des essais pragmatiques qui l'ont amené à la théorie. Je crois qu'Archimède est l'exemple même de la personne qui passe de la théorie à la pratique, mais aussi qui, à partir de la pratique, déduit la théorie. En revanche on peut dire qu'Euclide ne fait que de la théorie, du moins dans son œuvre essentielle *Les Éléments*. Je crois que telle est la grande différence entre Euclide et Archimède.

ÉMILE NOËL Ainsi, voilà mis en évidence le rapport toujours actuel entre le fondamental et l'appliqué. Est-ce que l'on retrouve dans les œuvres d'Archimède cette alternance entre les deux aspects de ses recherches? Il semble n'y avoir de traces que de son œuvre théorique...

JEAN DHOMBRES Effectivement, il n'y a trace pratiquement que de ses œuvres théoriques, encore que l'expression « vis d'Archimède » est une trace bien plus parlante que n'importe quel écrit. Parmi les œuvres théoriques, il y a celles qui touchent à la mécanique mais qui sont des œuvres théoriques. Je cite des titres : *De l'équilibre des corps flottants* ou *De l'équilibre des figures planes*. Il y a aussi des œuvres de pure mathématique : nous allons évoquer ces œuvres de pure mathématique en décrivant rapidement leur contenu. Une œuvre fort connue s'intitule *La quadrature de la parabole*. De quoi s'agit-il? Archimède y calcule explicitement, et par des méthodes de pure géométrie, l'aire comprise entre une droite qui coupe la parabole, c'est-à-dire une sécante à la parabole, et la parabole elle-même. C'est une grande première de l'Antiquité. On n'avait jamais réussi, avant Archimède, à donner une valeur exacte pour une aire délimitée à la fois par des courbes autres que des cercles et des droites. Un deuxième traité d'Archimède qui nous est resté s'intitule *De la sphère et du cylindre.* C'est le traité le plus extraordinaire d'Archimède, en un sens, puisqu'il donne des rapports de mesures de surfaces courbes par rapport à des surfaces planes : il détermine la surface de la sphère en fonction du rayon, et aussi la surface latérale d'un tronc de cône, qu'il calcule à partir de la surface du cercle base de ce cône ou d'un grand cercle de la sphère. C'est un travail de géométrie dans l'espace et on sait que la géométrie de l'espace n'est pratiquement née qu'à l'époque de Platon, c'est-à-dire qu'il y a à peu près 80 et quelques années qui séparent l'investigation systématique de certaines propriétés de géométrie dans l'espace et le calcul explicite de surfaces, de volumes également, par Euclide d'abord, et surtout par Archimède. Un troisième livre d'Archimède est également mémorable et s'intitule *Sur les spirales.* Il est remarquable parce qu'il traite d'une courbe, la spirale dite d'Archimède, courbe qui s'enroule perpétuellement autour d'un point et s'éloigne aussi de ce point en se déroulant à l'infini; cette courbe ne fait pas partie des courbes du second degré et n'est pas une droite bien entendu (courbe du premier degré). Archimède invente tout un tas de méthodes pour obtenir l'aire de la surface comprise entre une spire de la spirale ou des longueurs sur la spirale. Un autre ouvrage encore s'appelle *Sur les conoïdes et les sphéroïdes.* Il s'agit essentiellement de mesures de volumes, de cubature comme on dit; volumes engendrés par des surfaces de révolution, des paraboles tournant autour d'une droite ou des hyperboles, etc. Enfin, trois autres ouvrages. L'un dont nous allons tirer un exemple précis et qui s'appelle *La mesure du cercle :* son but est double. Il consiste d'abord à donner un point de vue théorique en établissant l'égalité d'un quotient ou *rapport* de deux aires à un rapport de deux longueurs. Puis il s'agit de fournir une approximation numérique de ce rapport, que l'on appelle aujourd'hui le nombre Pi et que tout le monde connaît bien par ces formules $S = \pi R^2$ ou $P = 2 \pi R$ apprises à l'école. Un autre livre d'Archimède s'intitule *L'Arénaire.* C'est un livre par lequel Archimède montre qu'en dépit du système de numération apparemment peu pratique qu'avaient les Grecs, il est possible de nombrer n'importe quelle quantité d'objets et autant

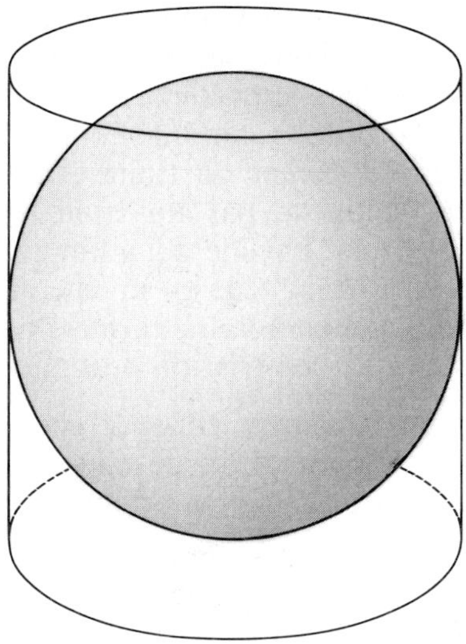

Dans ***De la sphère et du cylindre,*** Archimède établit que le volume de la sphère remplit les deux-tiers du volume du cylindre circonscrit. Il exprima le vœu que sa tombe portât la représentation géométrique correspondante, vœu que combla le général Marcellus. Cicéron prétendit avoir retrouvé, grâce à cette figure, la tombe d'Archimède laissée à l'abandon.

d'objets qu'on veut. Enfin, Archimède a écrit un traité qui s'appelle *Le traité de la méthode* qui ne fut découvert à Jérusalem qu'en 1899 et dont vraisemblablement, ni le monde antique, ni le monde médiéval, n'a pu entendre parler. C'est un remarquable traité de la façon de découvrir en mathématique.

ÉMILE NOËL Cette œuvre représente combien d'années de travail et combien de volumes?

JEAN DHOMBRES Au point de vue des années de travail, c'est évidemment toute la vie d'Archimède qui est en jeu, et le récit de la mort d'Archimède tué par un soldat lors de la prise de Syracuse est révélateur. Archimède dessinait encore des figures de géométrie au moment de sa mort et ne prenait pas soin de se faire connaître alors que Marcellus avait ordonné de l'épargner. Au point de vue de la quantité, l'œuvre qui nous reste représente, avec la traduction, quatre volumes d'environ 250 pages. Bien des traités sont perdus, mais les ouvrages tels qu'ils nous sont parvenus sont souvent dans un état parfaitement achevé. Nous n'avons pas toutes les descriptions des détails, des méthodes par lesquelles Archimède est arrivé aux résultats assez extraordinaires qu'il démontre. D'autre part, les traités d'Archimède diffèrent du traité d'Euclide en ce sens qu'Archimède ne compose pas un traité systématique des mathématiques. Il part d'Euclide qui a fait cette mise au point et poursuit le travail. Archimède est un chercheur, si l'on veut employer un terme contemporain, ce n'est pas réellement un professeur réalisant une compilation ordonnée.

ÉMILE NOËL Vous nous avez annoncé une petite illustration particulière qui nous permettrait de mieux saisir la méthode d'Archimède. Est-ce que l'on peut l'aborder maintenant?

JEAN DHOMBRES Volontiers. Nous allons prendre comme exemple le traité de *La mesure du cercle* d'Archimède. Euclide, au livre 12 de ses *Éléments,* a démontré qu'il y a pour tout cercle un rapport constant entre l'aire de ce cercle et l'aire d'un carré dont le côté est le rayon du cercle, rapport que nous appelons aujourd'hui Pi, le nombre Pi. C'est un rapport indépendant du cercle considéré. Archimède va, d'une part, montrer que ce rapport Pi est le même que le rapport qui existe entre le périmètre d'un cercle et son diamètre, que nous appelons également Pi, précisément grâce au résultat d'Archimède. C'est une première chose. Cette démonstration va ensuite lui servir pour calculer de façon approchée le nombre Pi, non pas en comparant des aires mais bien en comparant des longueurs, c'est-à-dire par approximation du périmètre du cercle. Et il va parvenir à un encadrement, à savoir mettre Pi entre deux valeurs, une valeur par excès, qui est très connue, qu'on appelle l'approximation d'Archimède, et qui est 22 divisé par 7, c'est-à-dire 3 + 1/7, et une valeur par défaut qui est 3 + 10/71. Ce sont de bonnes approximations du nombre Pi, et la méthode choisie par Archimède permet d'aller plus loin que ces approximations. Il importe de prendre conscience du fait qu'en incorporant de telles approximations dans les mathématiques théoriques, Archimède dérange l'ordonnance euclidienne. En effet, il fournit un résultat d'encadrement et non une valeur exacte : c'est alors le courant des calculateurs antiques qui retrouve partiellement droit de cité dans l'édifice mathématique. Simultanément, Archimède approfondit la construction euclidienne, puisqu'il compare sans vergogne un rapport de deux aires à un rapport de deux nombres entiers comme 22/7. Il prépare ainsi le chemin d'une numérisation des grandeurs géométriques, c'est-à-dire d'une rencontre entre l'arithmétique et la géométrie, entre le monde du discontinu et celui du continu. Une rencontre qui nécessitera le passage par l'algèbre et que le monde arabe saura effectuer.

Commençons par détailler la démonstration du fait que le rapport de l'aire d'un cercle au carré de son rayon est le même que le rapport du périmètre d'un cercle à son diamètre; c'est une démonstration par l'absurde et, par conséquent une démonstration de nature théorique, dans le plus pur style euclidien. Elle se divise en deux temps.

Appelons E l'aire d'un triangle rectangle dont un côté de l'angle droit a pour longueur le rayon R du cercle et l'autre côté de l'angle droit pour longueur le périmètre du cercle P. Je vais comparer ce triangle, c'est-à-dire en fait l'aire de ce triangle, à l'aire du cercle. Ce que je veux démontrer c'est que l'aire de ce triangle est égale à l'aire du cercle, puisque c'est exactement ce à quoi revient l'égalité des rapports dont j'ai parlé. En effet l'égalité $S = 1/2\ PR$ fournit $S/R^2 = P/2\ R$. Comment procède Archimède? Eh bien, par l'absurde. Je veux démontrer que *S,* l'aire du cercle, est égale à *E,* l'aire du triangle précédemment construit. Deux possibilités que je vais exclure : *S* est plus grande que *E, S* est plus petite que *E.* Il ne me restera plus que la troisième, à savoir $S = E$, ce qui est précisément ce que je veux établir. Prenons le cas, qui nous suffira, de l'hypothèse *S,* l'aire du cercle, supérieure à *E,* aire du triangle. Je rappelle que le triangle est un triangle rectangle dont les deux côtés de l'angle droit ont pour longueur, l'un le rayon, l'autre le périmètre du cercle. Dès lors, Archimède inscrit à l'intérieur du cercle d'abord un carré, puis il divise ce carré en un octogone, tout simplement par dichotomie, par le milieu, c'est-à-dire en divisant chacun des quatre arcs sous-tendus par les côtés du carré en deux arcs égaux. Puis l'octogone ainsi obtenu est divisé lui-même en un polygone régulier à deux fois plus de côtés, c'est-à-dire seize côtés, et ainsi de suite. Que se passe-t-il et qu'est-ce qui est démontré par Archimède? Il est clair que, par ce procédé de dichotomie, l'aire du polygone régulier obtenu au bout d'un certain nombre d'étapes de la dichotomie est voisine de l'aire du cercle. Archimède ne parle pas de voisinage ni de limite et évite soigneusement tout raisonnement qui ferait intervenir un nombre non fini d'étapes. Ce qu'Archimède montre c'est qu'il existe une étape, obtenue au bout d'un certain nombre d'itérations de la dichotomie, pour laquelle la situation suivante se présente : la différence existant entre l'aire du cercle et l'aire du polygone régulier est strictement inférieure à la différence supposée qu'il y a entre l'aire *S* du cercle et l'aire *E* de mon triangle. N'oubliez pas que ce que je veux démontrer c'est la fausseté de l'hypothèse que l'aire du cercle diffère de l'aire du triangle. Donc, dire que *S* — *T* (*T* c'est l'aire de mon polygone régulier obtenu au terme de suffisamment d'étapes) est strictement inférieure à *S* — *E,* c'est évidemment dire que l'aire du polygone *T* est strictement supérieure à l'aire du triangle rectangle *E.* La contradiction est facile maintenant.

Comment puis-je représenter géométriquement l'aire de mon polygone, d'aire *T,* lequel est un polygone régulier inscrit dans le cercle? On voit que l'une des dimensions qui intervient pour calculer l'aire devrait être ce que l'on appelait autrefois l'apothème, c'est-à-dire la distance du centre du cercle à l'un des côtés du polygone régulier. Cette distance est évidemment plus petite que le rayon R. Ce point est clair. Deuxièmement, quelle est la longueur, ou plutôt le périmètre du polygone? Puisque le polygone est inscrit à l'intérieur du cercle, son périmètre est évidemment plus petit que le périmètre du cercle. C'est une remarque qui nous paraît évidente, et Archimède, à juste titre, considère ce résultat comme un axiome : la droite est le plus court chemin d'un point à un autre. Ceci étant, nous sommes arrivés à notre contradiction. Pourquoi? J'ai démontré, à la suite de ma supposition *S* supérieure à *E,* que l'aire *T* du polygone est supérieure à l'aire *E* du triangle. Or, comment puis-je calculer l'aire *T* du polygone ? Tout simplement en multipliant son apothème par son périmètre et en divisant par 2. L'apothème est inférieure au rayon, je la porte sur le côté du triangle d'aire *E* où est porté le rayon. Sur l'autre côté du triangle d'aire *E,* je porte le périmètre du polygone d'aire *T.* J'obtiens alors un nouveau triangle rectangle, triangle strictement inclus dans le triangle d'aire *E.* Compte tenu de la construction de ce dernier, j'avais comme hypothèse *T* supérieure à *E,* et je démontre, par cette inclusion géométrique, que *E* est strictement supérieure à *T.* La contradiction est acquise. Vous imaginez bien ce qu'il faut pour passer à l'autre partie de la démonstration, celle qui convient pour établir que si l'aire *S* du cercle est strictement inférieure à l'aire *E* du triangle, j'aboutis

ΑΡΧΙΜΗΔΟΥΣ

ΤΟΥ ΣΥΡΑΚΟΥΣΙΟΥ, ΤΑ ΜΕΧΡΙ
νῦν σωζόμενα, ἅπαντα.

ARCHIMEDIS SYRACVSANI
PHILOSOPHI AC GEOMETRAE EX-
cellentissimi Opera, quæ quidem extant, omnia, multis iam seculis desi-
derata, atq; à quàm paucissimis hactenus uisa, nuncq;
primùm & Græcè & Latinè in lu-
cem edita.

Quorum Catalogum uersa pagina reperies.

Adiecta quoq; sunt
EVTOCII ASCALONITAE
IN EOSDEM ARCHIMEDIS LI-
bros Commentaria, item Græcè & Latinè,
nunquam antea excusa.

Cum Cæs. Maiest. gratia & priuilegio
ad quinquennium.

BASILEAE,
Ioannes Heruagius excudi fecit.
An. MDXLIIII.

Édition de Thomas Venatorius des Œuvres d'Archimède (1544).

également à une contradiction. Au lieu d'examiner des polygones inscrits, on examinera des polygones circonscrits. La démonstration est formellement la même que précédemment et on aboutit donc au résultat annoncé.

ÉMILE NOËL Comment faire maintenant, pour passer de cette démonstration au calcul numérique de la valeur de Pi?

JEAN DHOMBRES Chez Archimède, il n'y a pas rupture d'idées entre l'aspect théorique précédent, à savoir l'égalité de deux rapports, et l'aspect que nous qualifions de numérique par encadrement du rapport Pi entre deux rapports d'entiers.

C'est bien le résultat théorique qui permet de se contenter de comparer des longueurs pour calculer le rapport Pi. Mais c'est aussi la nature même de la démonstration théorique qui indique la technique utilisable. En effet, on obtiendra une estimation par excès de Pi par calcul du rapport entre le périmètre d'un polygone régulier circonscrit au cercle, pour un nombre suffisamment grand de côtés, et le diamètre du cercle. Archimède s'arrête au calcul nécessitant 96 côtés, mais la procédure mise en jeu peut évidemment se poursuivre afin d'obtenir une approximation meilleure. Le calcul effectif d'Archimède est difficile à suivre pour nous aujourd'hui car la plupart des simplifications numériques effectuées par Archimède, et pour lesquelles il ne donne aucune explication, semblent remonter à une tradition de calculateurs. Un commentaire bien ultérieur dû à Eutocius n'éclaire qu'en partie ces difficultés. Toutefois il est clair que la propriété géométrique utilisée pour conduire les calculs est celle de la bissectrice dans un triangle. Il s'agit de cette propriété qu'Euclide avait démontrée selon laquelle la bissectrice d'un angle d'un triangle découpe sur le côté opposé des longueurs qui sont inversement proportionnelles aux côtés adjacents de la bissectrice. L'emploi systématique, nous dirions presque algorithmique de cette propriété, permet le calcul après des extractions approximatives de racines carrées. Et, pour ces approximations, le texte d'Archimède n'est pas constant puisque l'on trouve aussi bien utilisé 265/113 dans le cas des polygones circonscrits que 1 351/780 dans le cas des polygones inscrits pour l'estimation de $\sqrt{3}$. Astucieusement, Archimède réduit les fractions trop compliquées éventuellement par la méthode des fractions continues et majore ainsi $(96 \times 153)/(4\,673 + 1/2)$ par $3 + 1/7$, parvenant enfin à la majoration de Pi par 22/7.

αργ μεῖζόν ἐστι τοῦ περιεχομένου ὑπὸ τῶν ακγ. διότι τὴν ἐλάσσονα πλευρὰν τῆς ἐλάσσονος τοῦ ἑτέρου μείζονα ἔχει. τὸ δὲ ἀπὸ τῆς αρ, ἴσον ἐστὶ τῷ περιεχομένῳ ὑπὸ τῶν ακ, γξ. ἥμισυ γάρ ἐστι τοῦ ἀπὸ τῆς αβ. μείζων οὖν ἐστὶ καὶ τὸ συναμφότερον τοῦ συναμφοτέρου. τὸ ἄρα περιεχόμενον ὑπὸ τῶν γαρ, μεῖζόν ἐστι τοῦ ὑπὸ τῶν ξκα. τῷ δὲ ὑπὸ τῶν ξκα, ἴσον ἐστὶ τὸ ὑπὸ τῶν μκγ. ὥστε μεῖζόν ἐστι τὸ ὑπὸ τῶν γαρ, τοῦ ὑπὸ τῶν μκγ. ὥστε μείζονα λόγον ἔχει ἡ γα πρὸς τὴν κγ, ἤπερ ἡ μκ πρὸς τὴν αρ. ὃν δὲ λόγον ἔχει ἡ αγ πρὸς τὴν γκ, τοῦτον ἔχει τὸ ἀπὸ τῆς αβ πρὸς τὸ ἀπὸ τῆς βκ. δῆλον οὖν, ὅτι μείζονα λόγον ἔχει τὸ ἥμισυ τοῦ ἀπὸ τῆς αβ, ὅ ἐστιν ἴσον τῷ ἀπὸ αρ, πρὸς τὸ ἀπὸ τῆς βκ, ἤπερ ἡ μκ πρὸς τὴν διπλασίαν τῆς αρ, ἥ ἐστιν ἴση τῇ λν. μείζονα ἄρα λόγον ἔχει καὶ ὁ κύκλος ὁ περὶ διάμετρον τὴν ζθ, πρὸς τὸν κύκλον τὸν περὶ διάμετρον τὴν βδ, ἢ ἡ μκ πρὸς τὴν μλ. ὥστε μείζων ἐστὶν ὁ κῶνος, ὁ βάσιν μὲν ἔχων τὸν περὶ διάμετρον μὲν τὴν ζθ κύκλον, κορυφὴν δὲ τὸ ν σημεῖον τοῦ κώνου, τοῦ βάσιν μὲν ἔχοντος κύκλον τὸν περὶ διάμετρον μὲν τὴν βδ, κορυφὴν δὲ τὸ μ σημεῖον. δῆλον οὖν, ὅτι καὶ τὸ ἡμισφαίριον τὸ κατὰ τὴν εζθ περιφέρειαν, μεῖζόν ἐστι τοῦ τμήματος τοῦ κατὰ τὴν βαδ περιφέρειαν.

ΑΡΧΙΜΗΔΟΥΣ ΚΥΚΛΟΥ ΜΕΤΡΗΣΙΣ.

α Πᾶς κύκλος ἴσος ἐστὶ τριγώνῳ ὀρθογωνίῳ, οὗ ἡ μὲν ἐκ τοῦ κέντρου ἴση μιᾷ τῶν περὶ τὴν ὀρθήν, ἡ δὲ περίμετρος τῇ βάσει. ἐχέτω ὁ αβγδ κύκλος, ὡς ὑπόκειται· λέγω ὅτι ἴσος ἐστὶ τριγώνῳ τῷ ε. εἰ γὰρ δυνατόν, ἔστω μείζων ὁ κύκλος, καὶ ἐγγεγράφθω τὸ αγ τετράγωνον, καὶ τετμήσθωσαν αἱ περιφέρειαι δίχα. καὶ ἔστω τὰ τμήματα ἤδη ἐλάσσονα τῆς ὑπεροχῆς, ᾗ ὑπερέχει ὁ κύκλος τοῦ τριγώνου. τὸ εὐθύγραμμον ἄρα ἔτι τοῦ τριγώνου ἐστὶ μεῖζον. εἰλήφθω κέντρον τὸ ν, καὶ κάθετος ἡ νξ. ἐλάσσων ἄρα ἡ νξ τῆς τοῦ τριγώνου πλευρᾶς. ἔστι δὲ καὶ ἡ περίμετρος τοῦ εὐθυγράμμου τῆς λοιπῆς ἐλάττων. ἐπεὶ καὶ τῆς τοῦ κύκλου περιμέτρου. ἔλαττον ἄρα τὸ εὐθύγραμμον τοῦ ε τριγώνου, ὅπερ ἄτοπον. ἔστω δὲ ὁ κύκλος, εἰ δυνατόν, ἐλάττων τοῦ ε τριγώνου. καὶ περιγεγράφθω τὸ τετράγωνον, καὶ τετμήσθωσαν αἱ περιφέρειαι δίχα. καὶ ἤχθωσαν ἐφαπτόμεναι διὰ τῶν σημείων, ὀρθὴ ἄρα ἡ ὑπὸ οαρ. ἡ ορ ἄρα τῆς μρ ἐστὶ μείζων. ἡ γὰρ ρμ τῇ ρα ἴση ἐστί. καὶ τὸ ροπ τρίγωνον ἄρα τοῦ οζαμ σχήματος μεῖζόν ἐστιν ἢ τὸ ἥμισυ. λελείφθωσαν οἱ τῷ πζα τομεῖ ὅμοιοι ἐλάσσους τῆς ὑπεροχῆς, ᾗ ὑπερέχει τὸ ε τρίγωνον τοῦ αβγδ κύκλου. ἔστιν ἄρα τὸ περιγεγραμμένον εὐθύγραμμον ἔτι τοῦ ε ἔλασσον, ὅπερ ἄτοπον. ἔστι γὰρ μεῖζον, ὅτι ἡ μὲν να ἴση ἐστὶ τῇ καθέτῳ τοῦ τριγώνου. ἡ δὲ περίμετρος μείζων ἐστὶ τῆς βάσεως τοῦ τριγώνου. ἴσος ἄρα ὁ κύκλος τῷ ε τριγώνῳ.

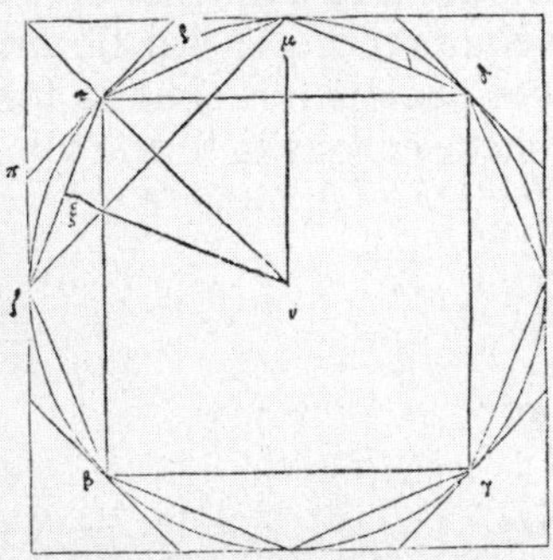

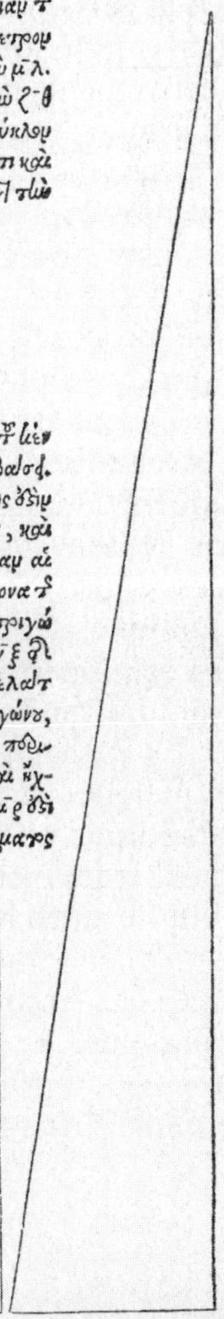

β Ὁ κύκλος πρὸς τὸ ἀπὸ τῆς διαμέτρου τετράγωνον, λόγον ἔχει, ὃν ια πρὸς ιδ. ἔστω κύκλος, οὗ διάμετρος ἡ αβ.

Quadrature du cercle par Archimède.

ÉMILE NOËL Il semble transparaître des travaux mêmes d'Archimède que le calcul peut signifier une moindre importance de la géométrie dans ses préoccupations?

JEAN DHOMBRES Non. Ce qui est remarquable chez Archimède, et en particulier dans la *Mesure du Cercle,* c'est qu'il ait été à la fois un très grand géomètre et un homme préoccupé de calculs numériques. La démonstration que je vous ai donnée est effectivement une démonstration aboutissant à un résultat numérique au terme d'algorithmes élégants mais elle repose sur une perception géométrique précise et profonde. On peut même aller plus loin en disant qu'il y a cohérence d'idées entre la démonstration géométrique du résultat théorique, par dichotomies nécessaires, et le calcul numérique d'un encadrement, lequel procède par multiplication par 2 des côtés à chaque étape en partant d'un hexagone régulier et en s'arrêtant à 96 côtés.

Ce qui est vrai également, c'est qu'à la même époque qu'Archimède vivait un géomètre, un homme qui s'est presque uniquement consacré à la géométrie et qui est Apollonius. Mais dans le sens de la construction de l'édifice mathématique, l'œuvre d'Archimède, par ses deux faces, géométrique et numérique, dépasse pratiquement toutes les œuvres mathématiques et numériques de l'Antiquité et porte en elle les germes d'une unification.

En étudiant Apollonius nous aurons l'occasion d'opposer, en quelque sorte, les méthodes géométriques de géométrie synthétique, ou quelquefois d'algèbre dite géométrique d'Apollonius, et les méthodes d'Archimède. Cela nous permettra sans doute de mieux comprendre le fonctionnement de l'intuition des mathématiques quelquefois sous sa forme d'origine mécanique chez Archimède et sous sa forme d'intuition spatiale chez Apollonius.

VI
Apollonius

Jean Dhombres

ÉMILE NOËL Nous avons, à la fin de l'entretien consacré à Archimède, évoqué le nom d'Apollonius, qui résidait à Alexandrie. Connaît-on l'homme? A-t-on des informations sur sa vie, sur sa formation?

JEAN DHOMBRES Non. Malheureusement Apollonius est un personnage relativement mystérieux. Il ne s'agit pas d'un trait de sa personnalité mais, comme pour Euclide, d'un manque de documents. Nous ne connaissons que son surnom : Apollonius de Perge. Il est né en 262 avant Jésus-Christ et il meurt en 190 avant Jésus-Christ, donc à peu près 20 ans après Archimède. Il couvre la deuxième partie du IIIe siècle, et a vécu probablement la majeure partie de sa vie à Alexandrie, dans le cadre de l'école euclidienne, avec des séjours à Pergame. On l'appelle « le Grand Géomètre », ce qui signifie qu'il s'inscrit dans la lignée d'Euclide, non pas l'Euclide du *Livre V des proportions* et de la méthode d'exhaustion mais dans la lignée du géomètre pur, c'est-à-dire celui qui regarde, étudie, compulse les courbes et organise systématiquement leurs propriétés, notamment les égalités entre les surfaces délimitées par ces courbes et des carrés ou des rectangles donnés.

ÉMILE NOËL Puisqu'il a passé toute sa vie à Alexandrie, on peut supposer qu'Apollonius a baigné dans la culture dont cette grande ville est le centre.

JEAN DHOMBRES Non seulement il baigne dans cette culture mais il en est un des éléments moteurs et, à la limite, il en est un des archétypes. Évoquons un tout petit peu l'histoire de la ville. Alexandre, lors de sa conquête du monde, fonde, en 332 avant

Jésus-Christ, Alexandrie, appelée à devenir la capitale de l'empire, au centre de l'empire. Là les cultures orientales et occidentales doivent se rencontrer, à savoir la culture grecque et les cultures d'Égypte et de Perse. A la mort d'Alexandre, l'empire qu'il avait fondé se divise en trois grands royaumes, et la partie égyptienne, où se trouve Alexandrie, échoit à une dynastie de généraux, les Lagides, dynastie suffisamment habile pour s'assurer d'une certaine stabilité à la fois politique et culturelle. Le premier Lagide, Ptolémée Sôter, fils de Lagos, gouverne de 323 à 285, le deuxième, Ptolémée, dit Philadelphe, de 285 à 247, et le troisième, Ptolémée Évergète, de 247 à 222. En un siècle trois souverains, qui règnent en appliquant la même politique de culture, une politique d'union entre les cultures orientales et la culture grecque; bien entendu, un accent particulier est mis sur la Grande Grèce, sur l'esprit hellène. Cette culture est à vocation universelle, pluridisciplinaire et, faut-il le préciser, subventionnée par l'État. Citons deux exemples des réalisations du souverain : le *Musée,* que nous appellerions aujourd'hui une Académie, où sont logés et subventionnés à la fois des savants, philologues et scientifiques, des artistes, des ingénieurs, des techniciens, et la *Bibliothèque* où sont réunis systématiquement tous les manuscrits des productions de la Grèce, mais également du dehors de la Grèce, de la Perse et éventuellement d'autres pays. On a évalué que cette Bibliothèque renferma jusqu'à 700 000 volumes. Alexandrie est ainsi un grand lieu de culture et le centre mondial de la création scientifique pendant plusieurs siècles. En tant que centre culturel, avec son Musée et sa Bibliothèque, Alexandrie se maintient au-delà de la dynastie Lagide, jusqu'au IVe siècle de notre ère, essaimant d'ailleurs vers d'autres centres.

Dans le domaine des mathématiques, c'est Euclide et son école qui établissent, dès la fondation, la structure de la pensée. Mais cette école euclidienne d'Alexandrie ne va pas respecter, au fond, la démarche euclidienne : Apollonius est, en ce sens, le dernier grand euclidien. Après lui, s'instaure une nouvelle relation, peut-être favorisée par l'exemple d'Archimède, entre mathématique et culture; les mathématiciens souhaiteront relier le monde des idées géométriques et le monde de la réalité, de la réalité physique, et tenteront d'utiliser les mathématiques les plus fondamentales pour, non seulement décrire le réel, mais, ce qui est beaucoup plus important, pour prévoir son évolution. Les mathématiques servent à prévoir les éclipses, bien entendu, comme cela avait été fait depuis longtemps déjà avec Thalès, mais servent aussi à dépister la fraude du joaillier du roi Hiéron. Archimède montre là l'exemple : il utilise un principe scientifique général et calcule mathématiquement les conséquences de ce principe. Cette nouvelle culture mathématique va fleurir tout au long de la période alexandrienne. Parmi les scientifiques ou géographes qui ont séjourné à Alexandrie, citons quelques noms qui ont contribué, pendant plusieurs siècles, au brassage des idées : l'ingénieur Ctésibius, Apollonius de Perge et Ératosthène au IIIe siècle, Hipparque au IIe siècle avant Jésus-Christ puis Nicomède, et, à notre ère, Ménélaüs, Ptolémée et plus tard enfin Diophante, Pappus, Théon...

ÉMILE NOËL Apollonius a environ 25 ans de moins qu'Archimède, mais ils sont tout de même contemporains et l'un est à Syracuse, l'autre à Alexandrie. Bien que la distance entre les villes ne soit pas négligeable pour l'époque, est-ce qu'ils se connaissaient? Est-ce qu'ils échangeaient des informations? Se sont-ils mutuellement influencés?

JEAN DHOMBRES Ce qui est certain, c'est qu'Apollonius, Archimède et d'autres contemporains, travaillent, en géométrie, sur les mêmes courbes. Il est donc difficile de penser que les résultats des uns ne furent pas transmis aux autres, d'autant qu'on sait, par les dédidaces de ses ouvrages, qu'Archimède s'adressait à des savants d'Alexandrie qui étaient des collègues d'Apollonius. L'activité scientifique est intense pendant cette seconde moitié du IIIe siècle. L'œuvre d'Apollonius à proprement parler, telle qu'elle nous reste, est essentiellement centrée sur un ouvrage qui s'appelle *Les sections coniques.* Mais nous examinerons d'abord d'autres aspects de l'œuvre d'Apollonius. Un ouvrage de calcul, l'*Okytokion,* se rapproche de la manière d'Archimède : on y trouve une meilleure approximation du nombre Pi que celle calculée par Archimède; d'autre part l'œuvre d'Apollonius aurait inclus l'exposé d'un système de numération différent de l'*Arénaire* mais dont il ne nous est rien resté. Nous le connaissons simplement par ouï-dire; cependant la présence de telles œuvres tendrait à nuancer un peu l'image d'un Apollonius purement géomètre. D'un autre côté, beaucoup de passages d'Apollonius ont été reconstitués ultérieurement et ne sont donc pas fidèlement transmis. N'est-il pas intéressant de signaler qu'au XVIIe siècle et même au XVIIIe siècle, ce sont de grands mathématiciens qui ont tenté la reconstitution

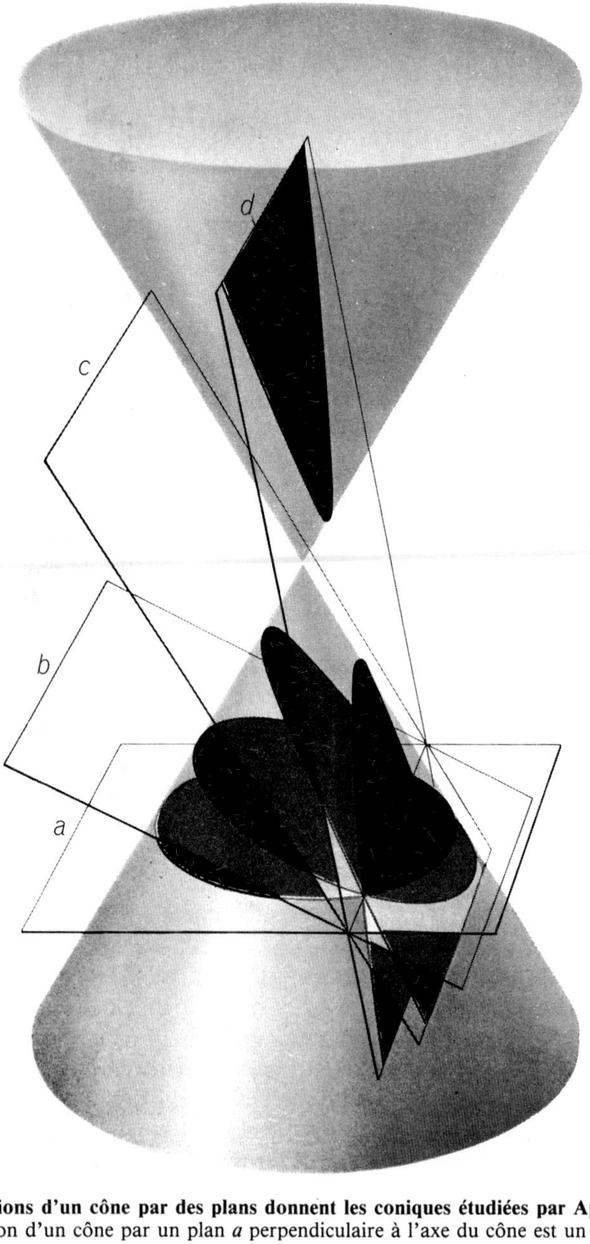

Les sections d'un cône par des plans donnent les coniques étudiées par Apollonius. La section d'un cône par un plan *a* perpendiculaire à l'axe du cône est un cercle *a'*.

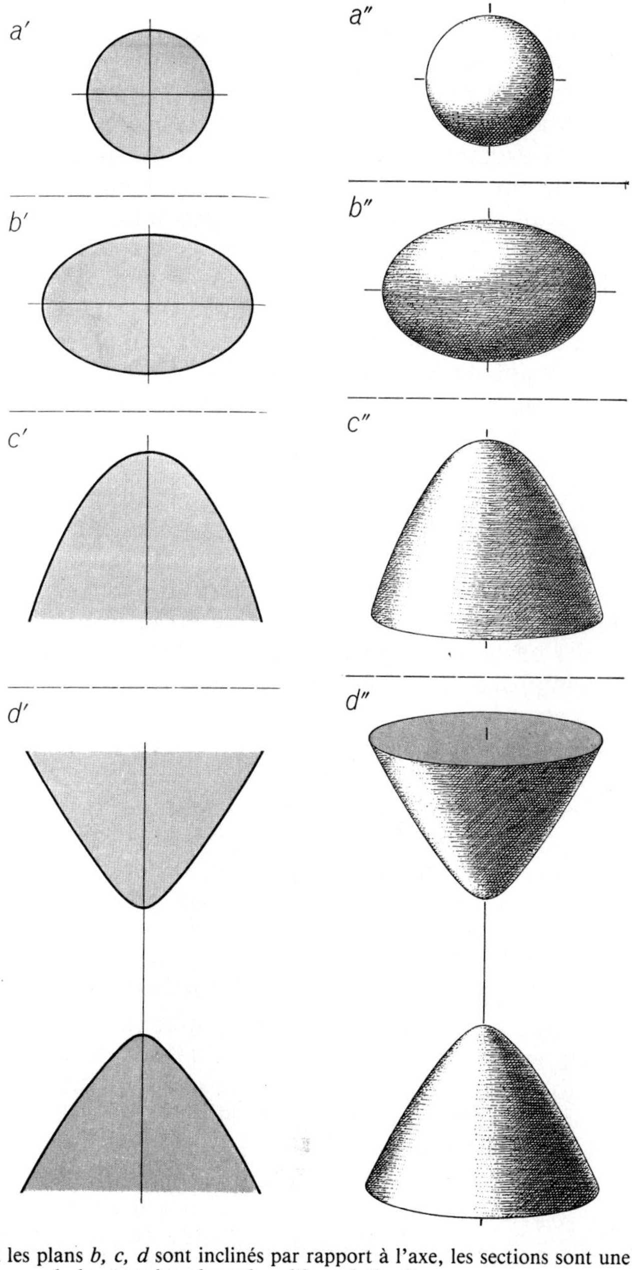

Quand les plans *b, c, d* sont inclinés par rapport à l'axe, les sections sont une ellipse *b′*, une parabole *c′* et deux branches d'hyperbole *d′*.

de morceaux de l'œuvre d'Apollonius; c'est là un exemple étonnant de la permanence, au fil des âges, de certaines préoccupations mathématiques, permanence qui s'appuie sur l'idée très saine que des problèmes envisagés par de grands mathématiciens du passé ont un poids pédagogique actuel.
Je pense par exemple au *Traité des lieux plans,* reconstitué par Fermat, sans doute vers les années 1630, au *Traité des contacts* qui fut restitué par Viète et par quelques autres ensuite vers 1600. Le *Traité des contacts* est typique dans la mesure où il pose un problème de pure géométrie, sans aucune idée d'application. Il s'agit par exemple, étant donné trois cercles, de savoir construire le centre d'un cercle tangent aux trois cercles donnés. Ou, étant donné deux cercles et un point, de construire un cercle tangent aux deux cercles donnés et passant par le point donné. Plus généralement, étant donné trois choses prises parmi des cercles, des droites ou des points, trouver un cercle tangent à ces trois choses, avec la convention que lorsque la « chose » est un point, cela signifie le passage du cercle par ce point. D'autres œuvres d'Apollonius ne nous sont connues que par ouï-dire, au travers de commentaires de Pappus, de Proclus, ou d'autres. Il y aurait peut-être eu un exposé critique général des bases des mathématiques. L'absence de ces Traités rend très improbable le portrait que nous dressons aujourd'hui du grand géomètre.

Pour nous l'essentiel de l'œuvre d'Apollonius, c'est évidemment son grand *Traité des sections coniques* constitué de huit livres. Les quatre premiers sont connus par des manuscrits grecs du XIIe et du XIIIe siècle de notre ère, trois autres le sont par des sources arabes du XIIIe siècle et le dernier livre, peut-être le plus original, est perdu. On en a pourtant tenté des reconstitutions dès le XVIIIe siècle et des dépouillements récents de manuscrits y jettent un jour inédit. De quoi s'agit-il avec les sections coniques? L'idée d'étudier la courbe résultant de la section d'un cône par un plan remonte au moins à Ménechme, un contemporain de Platon et vraisemblablement un élève du remarquable Eudoxe de Cnide. Mais ce que fait Apollonius sur les sections coniques presque un siècle plus tard est systématique : il examine toutes les courbes que l'on peut obtenir lorsqu'on prend un cône à base circulaire quelconque, pas simplement a priori un cône dont le sommet a pour projection orthogonale le centre du cercle de base, et qu'on intercepte ce cône par un plan. Un cône de base circulaire est la surface

PROBLEMA IX.

Datis duobus circulis, & puncto, per datum punctum circulum describere quem duo dati circuli contingant.

Sint dati duo circuli, vnus ABCD alter EFGH, & præterea datum I punctum. Oportet per I punctum circulum describere quem circuli ABCD, EFGH contingant. Circulorum ABCD EFGH iungantur centra K, L & in KL inueniatur ex antecedente, quod primo loco præmissum est, lemmate, M punctum, à quo, cum ducentur rectæ lineæ secantes circulos ABCD EFGH, similia sint segmenta. Ipsa verò kL secet ex diametro circulum ABCD in signis A, D, circulum verò EFGH in signis E, H, & ita secetur MI in N, vt quod fit sub MI MN æquale sit ei quod fit sub MH MA, & per I, N puncta describatur circulus qui à circulo ABCD tangatur. Id enim iam docuit Problema octauum. Et sit contactus in B, & connectatur BM secans circulum ABCD in B, C, circulum verò EFGH in F, G. Quod fit igitur sub MG MB æquale est ei quod fit sub MH MA, id est ex constructione ei quod fit sub MN MI ex antecedente, quod secundo

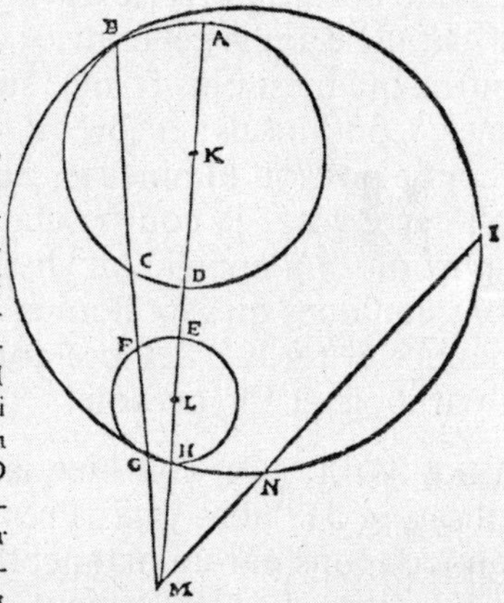

Deux cercles étant donnés, mener un cercle tangent à ces deux cercles et passant par un point donné. (Restitution par Viète vers 1600).

engendrée par une droite, la génératrice du cône, passant par un point fixe, le sommet du cône, et décrivant un cercle situé dans un plan auquel le sommet n'appartient pas, la base du cône. Un cône comprend deux nappes limitées par le sommet. Une bonne image de ce que l'on peut obtenir est visualisée de la façon suivante.

Vous prenez une lampe avec un abat-jour assez petit et en forme de tronc de cône, disons de révolution autour d'un axe passant par la lampe. Il faut une lampe suffisamment forte à l'intérieur. Vous éclairez avec la lampe et cet abat-jour un mur en face de vous. Si l'axe de votre abat-jour et perpendiculaire au mur, vous voyez bien que la portion éclairée est une zone circulaire. Autrement dit, l'intersection du plan du mur avec le cône lumineux engendré par l'abat-jour de la lampe, en ne considérant que le bord, est un cercle. Maintenant si vous inclinez votre axe légèrement par rapport à cette direction perpendiculaire au mur, vous voyez en projection sur le mur, c'est-à-dire à l'intersection du mur avec les rayons lumineux, une surface de forme ovale, donc délimitée par une courbe oblique par rapport à un cercle, courbe qu'on appelle depuis Apollonius une ellipse. Continuons à incliner l'axe de notre abat-jour par rapport à la perpendiculaire au mur. L'ellipse s'étend sur le mur et à une certaine position précise de l'axe, c'est-à-dire lorsque votre mur est parallèle à une génératrice du cône, l'ellipse est devenue une courbe qui n'est plus fermée sur elle-même. Il s'agit d'une parabole. Continuons encore à incliner l'axe. Il apparaît une seconde portion lumineuse, donc une autre portion de courbe, de l'autre côté; la courbe que l'on obtient, composée de deux « portions » s'appelle une hyperbole. Voilà donc les trois sections coniques qu'Apollonius dénomme, bien qu'elles aient été connues avant lui, l'ellipse dont un cas particulier est le cercle, la parabole et l'hyperbole.

ÉMILE NOËL On voit bien la forme de ces courbes avec cette utilisation de l'abat-jour. Prenons maintenant un cône fixe que nous coupons par un plan, comme avec un couteau. Pour quelles positions du plan obtient-on ces courbes?

JEAN DHOMBRES Le géomètre va effectivement fixer le cône et faire varier le plan, alors que j'ai, par commodité pratique, fait varier la position de l'abat-jour et fixé le plan du mur. Lorsque le plan coupe l'axe du cône, donc une seule nappe du cône, j'obtiens une ellipse. Lorsque le plan est parallèle à l'une des génératrices du cône, il ne coupe encore qu'une nappe du cône, et on obtient une parabole. Enfin, quand on continue à incliner le plan et qu'il devient par exemple parallèle à l'axe du cône, il coupe les deux nappes du cône selon deux parties bien distinctes, auxquelles on donne le nom d'hyperbole. C'est donc par la position du plan par rapport à l'axe ou aux génératrices que se fait la distinction. Ces noms mêmes des courbes sont intéressants parce qu'ils nous viennent d'Apollonius. Ellipse signifie quelque chose en moins, hyperbole signifie quelque chose en plus, parabole signifie quelque chose d'égal. Et ce vocabulaire, d'emblée, fixe un des apports majeurs d'Apollonius. Car ce qu'a établi Apollonius, c'est l'existence d'une relation quantitative, une relation métrique, entre certaines quantités sur ces différentes courbes. De façon précise, il privilégie une certaine droite dans une de ces courbes qu'il appelle un diamètre, et il privilégie une autre droite dans le même plan de la courbe qu'il appelle un diamètre conjugué : ces deux droites correspondent à nos axes de coordonnées, sauf qu'en général ces axes ne sont pas orthogonaux. Apollonius repère, à partir de ces deux droites qui ne sont pas arbitraires, le rapport qui existe entre une distance X prise sur un diamètre et la distance Y jusqu'à la courbe calculée sur l'autre diamètre; X et Y sont les coordonnées d'un point de la courbe. Ce que démontre Apollonius, c'est que le carré du nombre Y s'exprime pour chaque conique sous une forme différente. Y est égal à 2 fois pX, où p s'appelle le paramètre de la conique (c'est une constante) dans le cas de la parabole. Au contraire, dans le cas de l'ellipse, le carré de Y est égal à 2 pX moins une certaine quantité, où intervient le carré de X. Dans le cas de l'hyperbole en revanche, vous obtenez le carré de Y comme égal à 2 pX plus une certaine quantité où intervient le carré de X. Algébriquement, l'écriture moderne distingue facilement les trois cas :

$Y^2 = 2\,pX$, parabole
$Y^2 = 2\,pX - 2\,pX^2/d$, ellipse
$Y^2 = 2\,pX + 2pX^2/d$, hyperbole

En résumé, quand vous n'avez pas de terme supplémentaire, c'est la parabole, quand vous retranchez un terme supplémentaire de nature positive, vous avez une ellipse, quand vous ajoutez un terme supplémentaire, de nature positive, vous avez une hyperbole. Apollonius explicite par un nom la distinction qu'il fait entre les trois courbes, en se servant explicitement des trois relations différentes qui caractérisent ces trois courbes. C'est donc quantitativement qu'il distingue ces courbes et établit le vocabulaire. Bien entendu, dans les explications que je viens de vous donner, Apollonius n'utilise pas Y et X. C'est moi qui ai utilisé cette terminologie algébrique, contemporaine en quelque sorte, pour pouvoir mieux expliquer la façon de procéder d'Apollonius. Apollonius utilise des lettres qui désignent explicitement des côtés et se sert des grandeurs géométriques du dessin comme des carrés ou des rectangles.

ÉMILE NOËL Ce qui laisse supposer que ses démonstrations sont beaucoup plus longues...

JEAN DHOMBRES Les démonstrations d'Apollonius exigent, comme disait Descartes, beaucoup de contention d'esprit parce qu'il faut visualiser des rapports qu'Apollonius maîtrise remarquablement de tête, sans le support matériel d'une écriture. Cela ne simplifie pas notre tâche et nous trahissons le texte d'Apollonius en le traduisant par nos relations algébrisées. Ces notations modernes appellent irrésistiblement certaines opérations qu'Apollonius ne pratique pas, puisque sa logique est de calculer avec des proportions et d'aboutir à des égalités d'aire. Ainsi, pour une parabole passant par A et C, il envisage le milieu de toutes les cordes de la parabole parallèles à la droite AC. Ces milieux sont tous alignés sur une droite. Celle-ci passe par le milieu D de AC et un point B de la parabole. En ce point B, la tangente à la parabole est parallèle à AC. La droite BD est un diamètre de la parabole, diamètre conjugué de la direction AC. Voilà pour la première notion privilégiée par Apollonius. Si l'on prend une droite passant par A et parallèlement au diamètre BD, l'intersection de la droite avec la tangente en C à la parabole est un point F qui est tel que K, intersection des droites BC et AF, est le milieu de AF. Voilà pour une propriété des tangentes à une parabole. Si X est un point de la corde AC, il lui est associé le point Y de la parabole, de sorte que la droite XY soit parallèle au diamètre BD. La relation quantitative liant les longueurs AX et XY, ce que nous considérons comme une équation de la parabole, est donnée comme égalité d'aires. Afin de traiter un exemple ultérieur, nous fournirons plutôt une égalité de rapports, c'est-à-dire une proportion. On a, en appelant M l'intersection des droites XY et FC, l'égalité XM/XY = CA/AX. Voilà pour les relations métriques dans la parabole, ce qui donne un aperçu des résultats d'Apollonius.

ÉMILE NOËL Apollonius avait assez bien décrit les trois types de courbes; l'ellipse, dont le cercle est un aspect particulier, la parabole et l'hyperbole mais en dehors de cette description, a-t-il déduit d'autres propriétés, théoriques ou pratiques?

JEAN DHOMBRES Les propriétés qu'Apollonius a mises en évidence au *livre I* de ses *Sections coniques* correspondent à une remarquable classification et un souci d'esthétique (les trois types de coniques sont « semblables »). Il a surtout donné le moyen de traiter simultanément les trois courbes en mettant clairement en vue ce qui les distingue et les éléments qu'ils ont en commun comme les diamètres conjugués, les axes, etc. Apollonius est allé nettement plus loin dans les livres suivants, notamment pour étudier les propriétés focales des courbes, les propriétés polaires, les propriétés des normales et des tangentes à ces courbes. On appelle normale à une courbe la perpendiculaire à la tangente passant par le point de tangence. En ce qui

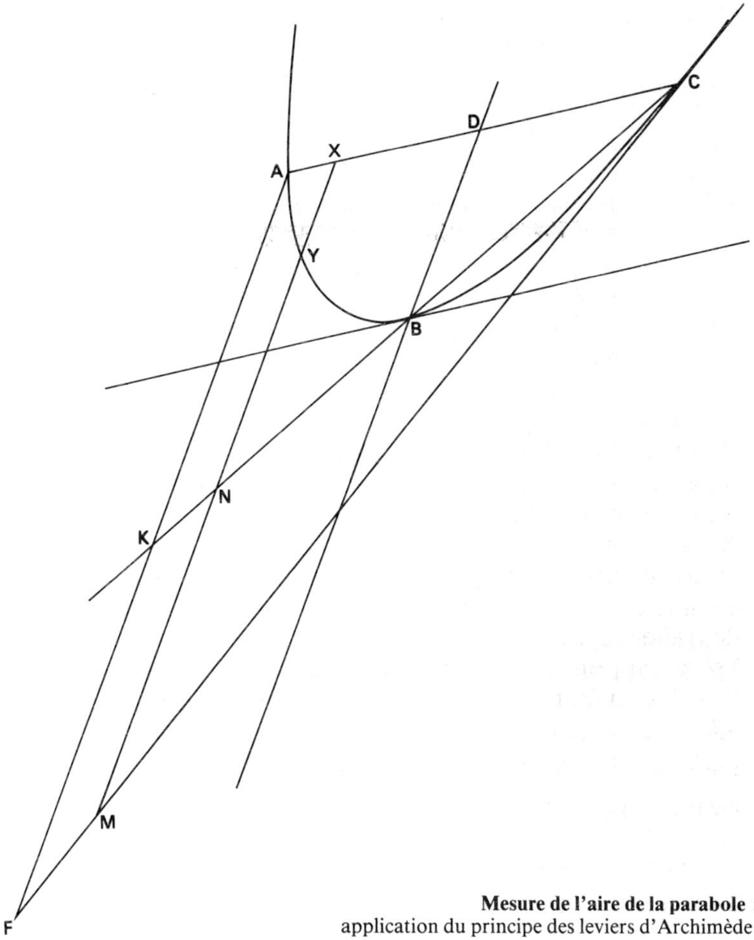

Mesure de l'aire de la parabole :
application du principe des leviers d'Archimède.

concerne les tangentes, Apollonius a établi quelque chose qui peut s'exprimer dans le langage de l'optique. Si vous prenez un rayon lumineux qui passe par le foyer d'une ellipse et qui vient se réfléchir sur l'ellipse, en supposant que l'ellipse soit un miroir, le rayon lumineux réfléchi passe par l'autre foyer. Cette caractéristique correspond à une propriété géométrique de la tangente à une ellipse découverte par Apollonius : en un point d'une ellipse la tangente détermine un même angle avec chacune des deux droites issues des deux foyers et passant par le point de tangence. Apollonius ne nous donne pas la propriété

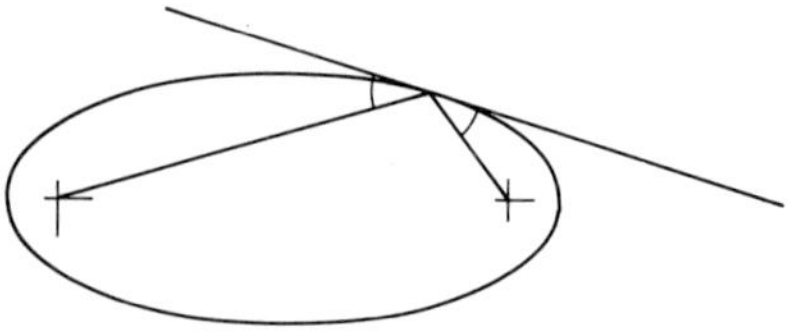

En un point d'une ellipse, la tangente à l'ellipse détermine le même angle avec chacune des droites reliant le point de tangence à chacun des foyers de l'ellipse.

optique et ne passe pas à la propriété correspondante de la parabole qui constitue pourtant le fondement des miroirs ardents d'Archimède. Un autre titre de gloire géométrique d'Apollonius qui a une résonance contemporaine concerne les propriétés de minima ou de maxima de certaines longueurs liées à ces courbes coniques : tel est l'objet du *livre V* des *Sections coniques* d'Apollonius.

Supposez que vous preniez un point extérieur à une ellipse et que vous regardiez la distance entre ce point et un point variable de l'ellipse. Apollonius considère l'endroit de l'ellipse où cette distance est extrémale (c'est-à-dire minimale ou maximale) et établit qu'il y a extremum lorsque la droite joignant le point fixe à l'ellipse est une normale à l'ellipse. On visualise bien cette propriété en évoquant une famille de cercles concentriques de rayon croissant dont le centre est précisément le point fixe M. Ce sont les lignes de niveau de la distance au point M. Pour un rayon petit, le cercle ne coupe pas l'ellipse et il la coupe pour un rayon plus grand. Le partage se fait pour un rayon du cercle qui le rend tangent à l'ellipse. La tangente à l'ellipse est donc perpendiculaire au rayon du cercle. Cette propriété d'orthogonalité, rendue abstraite à notre époque, sert de fondement à la programmation quadratique, c'est-à-dire à la méthode utilisée sur ordinateur pour résoudre un très grand

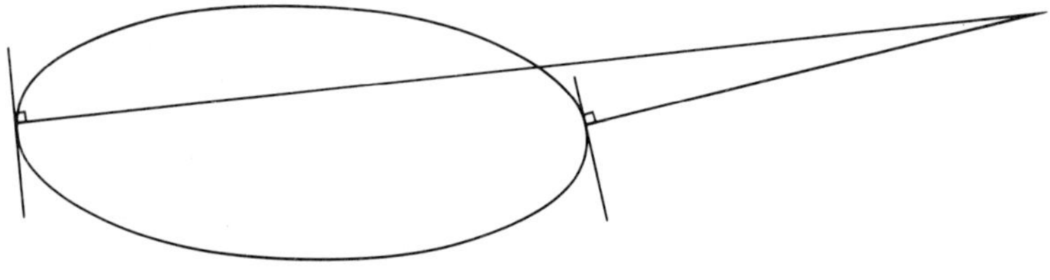

Distances extrémales d'un point à une ellipse.

nombre de problèmes numériques concernant les équations différentielles ou les équations aux dérivées partielles, les problèmes de minima ou de maxima. Disons même que cette excellente méthode d'analyse numérique est fondée sur une idée assez simple : il y a un minimum ou il y a un maximum quand une certaine condition d'orthogonalité est satisfaite.

ÉMILE NOËL A deux millénaires de distance, une conceptualisation est reprise et utilisée. En cela Apollonius fait œuvre de visionnaire.

JEAN DHOMBRES Certainement. Une des caractéristiques de l'histoire des mathématiques est qu'il est plaisant, voire utile et profitable, de lire les œuvres des auteurs de mathématiques d'il y a 20 siècles. C'est tout aussi vrai pour les auteurs d'il y a 3 siècles ou 4 siècles, ou d'il y a 20 ans bien entendu.

ÉMILE NOËL L'astronomie n'a pas été abordée et il serait étonnant qu'Apollonius ne s'en soit pas préoccupé. Le géomètre est souvent tenté par l'astronomie.

JEAN DHOMBRES Apollonius fut considéré comme un grand astronome mais nous n'avons pas d'écrits explicites sur son œuvre astronomique. Nous savons qu'il a travaillé sur une sorte de modèle du mouvement des planètes, modèle intéressant puisqu'il consistait à mettre la Terre au centre bien entendu, avec un mouvement de la planète décomposé en deux. D'une part, un mouvement circulaire sur un grand cercle centré sur la Terre et, d'autre part, un mouvement perturbé par rapport à ce mouvement circulaire. Il s'agit d'un mouvement à vitesse uniforme sur un plus petit cercle dont le centre se meut sur le grand cercle de façon uniforme. La combinaison expliquait certains mouvements des planètes à savoir des mouvements rétrogrades, ou au contraire des mouvements plus rapides que ceux qu'une planète aurait dû avoir si elle avait parcouru à vitesse uniforme une orbite circulaire centrée sur la Terre. C'est le débat de ce que l'on a appelé la théorie des épicycles, théorie qui sera bientôt portée à son point extrême par Ptolémée, mais plus tardivement. Selon le témoignage de Ptolémée, Apollonius aurait démontré que le double mouvement circulaire imaginé était équivalent à un mouvement circulaire unique, parcouru à vitesse uniforme, mais sur un cercle excentré par rapport à la Terre. Toutefois Apollonius reste fidèle au géocentrisme et n'adopte pas l'héliocentrisme d'Aristarque.

ÉMILE NOËL Revenons aux ellipses, aux paraboles et aux hyperboles; nous savons que les mathématiciens se sont préoccupés de mesurer les surfaces comprises entre une partie de la courbe et une droite qui la coupe, à la façon dont la corde d'un arc (de tir, de chasse...) délimite une surface. Or c'est là une surface très délicate à mesurer. On peut alors se demander ce qui poussait les mathématiciens de l'Antiquité, en dehors d'un point d'honneur, à s'entêter dans la mesure de choses aussi difficiles.

JEAN DHOMBRES Tout d'abord, on a envie de répondre que la raison pour laquelle les mathématiciens se sont entêtés, c'est qu'ils ont d'abord essayé de mesurer ces surfaces et que c'était difficile. C'est peut-être l'un des traits caractéristiques chez les mathématiciens : quand ils n'arrivent pas à expliquer ou à mesurer quelque chose, ils essaient de comprendre pourquoi ils n'arrivent pas à le faire et ils ne sont satisfaits que lorsqu'ils ont réussi à le faire ou à prouver l'impossibilité de le faire. Par conséquent, le verbe comprendre est essentiel dans la description de toute activité mathématique et pour rendre compte de l'histoire des mathématiques. Ce qui est littéralement extraordinaire dans le cas des courbes coniques, c'est que quelque 15 ou 18 siècles plus tard, ces courbes ont trouvé des applications étonnantes. Si Kepler a imaginé puis vérifié grâce aux calculs disponibles que la trajectoire dans l'espace des planètes en mouvement autour du Soleil est une ellipse, c'est bien parce qu'Apollonius avait, tant de siècles plus tôt, mis en évidence les propriétés de l'ellipse. De même pour la parabole qui est la trajectoire d'une pierre jetée en l'air, avec une vitesse de départ oblique. Cette étonnante découverte est due à Galilée (on néglige ici la résistance de l'air sinon la trajectoire n'est qu'approximativement parabolique).

On peut aussi apprécier de retrouver l'hyperbole en tant que trajectoire dans les chambres à bulles : des particules électrisées qui se repoussent mutuellement, lorsqu'elles sont projetées l'une vers l'autre, décrivent une hyperbole. Quelle merveille! Les formes géométriques qu'Apollonius, pour la simple gloire, pour la beauté de la chose, avait mises en évidence, en classant et en inventoriant leurs propriétés, se révèlent d'une extraordinaire utilité. Je voudrais juste terminer par un exemple afin de faire sentir la différence des démarches entre un puriste comme Apollonius et un imaginatif comme Archimède.

Nous avons vu comment le puriste préparait l'avenir à long terme et nous allons voir, avec l'histoire de la quadrature de la parabole, comment un mathématicien tel qu'Archimède imaginait une aide de la mécanique en géométrie, mêlant avec bonheur deux approches *a priori* très éloignées. Il s'agit de mesurer exactement (et non pas approximativement) quelle est l'aire de ce que l'on appelle un segment de parabole, c'est-à-dire l'espace compris entre la parabole et une de ses cordes. Archimède invente une méthode issue d'une intuition extrêmement simple. Il a tout bonnement essayé de peser ! Reprenons une parabole et une corde, disons AC, joignant deux points A et C de cette parabole. Il s'agit de mesurer l'aire du segment de parabole, c'est-à-dire la portion d'espace limitée par la parabole et la corde AC. Soit un point B sur la parabole dont la tangente soit parallèle à la corde AC. Archimède a montré que le rapport entre l'aire du triangle ABC et l'aire du segment de parabole est exactement égal à 3/4.

Comment a-t-il obtenu ce résultat ? Par une intuition géométrique d'abord, ensuite sans doute par vérification expérimentale, en pesant les morceaux correspondant au triangle ABC et au segment de parabole. Rien n'est cependant démontré au sens mathématique du terme. Par une troisième démarche, Archimède a abstrait cette idée de pesée vérificatrice et utilisé le principe du levier pour retrouver le rapport 3/4. Le procédé, peu rigoureux, ne serait pas accepté par les mathématiciens d'aujourd'hui mais il n'en reste pas moins d'une grande ingéniosité et d'une certaine élégance. Puis après tout cela et sans mélanger les genres, Archimède invente une tout autre démonstration, parfaitement rigoureuse, et qui utilise la méthode d'exhaustion (comme celle qui est utilisée pour la mesure du cercle) au terme d'un raisonnement par l'absurde. Finalement, la valeur 3/4 du rapport est rigoureusement démontrée. Cette démonstration parfaite selon la méthode d'exhaustion, ancêtre certain du calcul intégral, se trouve dans le livre intitulé *La quadrature de la parabole.* La démonstration ingénieuse par la méthode du levier figure dans *Le traité de la méthode,* lequel ne fut redécouvert qu'à l'époque moderne.

ÉMILE NOËL L'ingénieur, s'intéressant au levier, a trouvé dans sa pratique les éléments pour réussir la démonstration ?

JEAN DHOMBRES Très certainement. Faisant preuve d'une ingéniosité étonnante, Archimède tire parti de sa pratique du levier, comme ingénieur et ré-interprète les formules d'Apollonius relatives aux sections coniques. Ces formules s'expriment par des rapports dans les termes d'Apollonius et ces rapports font penser aux rapports analogues du levier. En effet, dans le levier, les poids sont en proportion inverse des longueurs pour qu'on ait l'équilibre. Archimède lie les deux faits et en déduit la quadrature du segment de parabole. Le résultat est impressionnant et est à notre portée. En effet nous avons donné déjà une relation à la manière d'Apollonius qui lie un point Y sur une parabole et un point X sur un diamètre AC (voir la figure page 77).

$$\frac{XM}{XY} = \frac{CA}{AX}$$

Le théorème de Thalès conduit aussitôt à :

$$\frac{XM}{XY} = \frac{CK}{KN}$$

En portant sur la droite KC une longueur KH = KC, Archimède interprète cette relation comme une relation typique de levier

$$KH.XY = KN.XM$$

Un segment I de longueur égale à celle de XY, centré en H et parallèle à BD, équilibre le segment XM, dans le levier dont K serait le point d'appui. Dès lors, en « additionnant » tous les segments I possibles, centrés en H, lorsque X parcourt la corde AC, j'obtiens un « poids » en H qui est « mesuré » par l'aire du segment de parabole ABC. Ce poids est équilibré dans le levier considéré par le triangle ACF, « addition » de tous les segments XM. Car ce triangle pèse dans le levier en son centre de gravité, centre situé sur KC à une distance de K égale à KC = KH, comme il est bien connu. L'équilibre du levier implique alors que l'aire du segment de parabole soit le tiers de celle du triangle ACF. Car, grâce aux propriétés des milieux, l'aire du triangle ACF est le quadruple de l'aire du triangle ABC. Le résultat d'Archimède est ainsi acquis.

VII
D'Alexandrie à Byzance

Trigonométrie et mensuration

Maurice Caveing

ÉMILE NOËL Nous faisons maintenant un parcours qui, en deux étapes, va nous mener d'Alexandrie à Byzance et dont la première sera de toute évidence Alexandrie. Or, précédemment nous avons passé en revue un certain nombre de grands géomètres, Euclide, Archimède, Apollonius, et la première question qui vient à l'esprit est celle-ci : y a-t-il encore à Alexandrie des grands traités de mathématiques théoriques ?

MAURICE CAVEING On ne peut pas dire qu'il y ait de grandes œuvres mathématiques développées de façon logique et théorique comme l'étaient celles de ces trois grands géomètres que furent Euclide, Archimède et Apollonius. Mais l'on a, pendant des siècles encore, de nombreux mathématiciens et un foisonnement d'œuvres probablement plus étendu d'ailleurs que ce que nous connaissons, car nous n'avons qu'une partie de cette production; le reste a été perdu. Ces œuvres se préoccupent d'appliquer (tout en les développant parfois) les résultats mathématiques déjà acquis aux grands problèmes de mesure qui peuvent se poser dans les diverses branches du savoir. C'est pourquoi je mettrai la période qui s'ouvre à ce moment-là sous le titre suivant : *trigonométrie et mensuration.*

ÉMILE NOËL Je suppose qu'il s'agit de mesures à caractère scientifique. Pouvez-vous nous en donner quelques exemples ?

MAURICE CAVEING En voici un premier, qui est d'ailleurs d'un contemporain d'Apollonius : la mesure de la Terre. C'est un problème scientifique. Comment mesurer la circonférence du globe terrestre? Il y a lieu de rappeler au passage que, contrairement à certaines légendes, les Anciens savaient que la Terre est ronde. Cette mesure célèbre est restée attachée au nom d'Ératosthène (284-192 avant J.-C.) un mathématicien d'Alexandrie à qui l'on doit d'autres choses comme par exemple le fameux crible d'Ératosthène : c'est une méthode pour isoler les nombres premiers dans la suite des nombres naturels.

Le crible d'Ératosthène fut la première méthode utilisée pour classer les nombres inférieurs à une certaine limite en nombres premiers et nombres composés. Cette figure représente le crible sous la forme d'un plan incliné percé de trous; on représente les nombres à tester par des billes qui descendent sur le plan incliné. On perce les trous de la façon suivante : tout d'abord, toutes les deux rainures, on perce un trou sur la seconde ligne, sauf dans la première. Ainsi, toutes les billes des rainures paires disparaissent, sauf celles de la seconde. Ensuite, on repère la rainure suivante qui n'a pas de trou : c'est la troisième. On perce alors un trou toutes les trois rainures, excepté sur celle désignée par le chiffre 3. Dans l'étape suivante, on perce des trous toutes les cinq rainures à partir de la cinquième colonne, puis toutes les sept rainures à partir de la septième colonne, etc., et l'on s'arrête après la racine carrée du plus grand nombre que l'on veut tester. Les billes qui ne tombent pas dans un trou correspondent aux nombres premiers. Par exemple, on peut déterminer tous les 25 nombres premiers inférieurs à 100 en récupérant les billes des colonnes 2 à 100 qui ont franchi la septième rangée de trous (car il n'y a pas de nombre premier supérieur à 7 et inférieur à la racine carrée de 100).

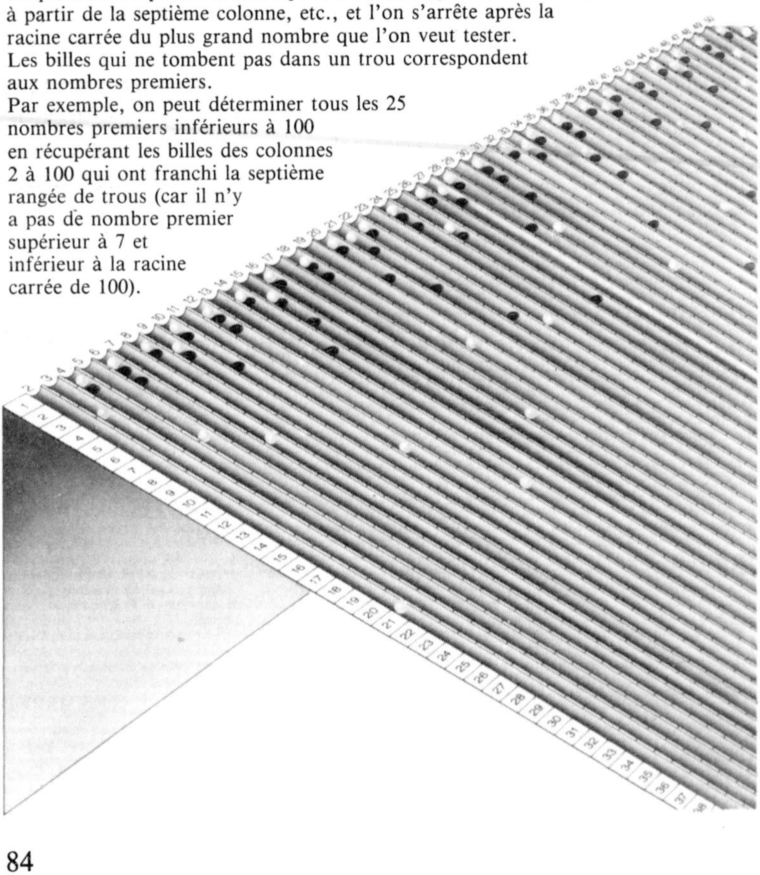

Ératosthène a mesuré la circonférence de la Terre de la manière suivante : il a constaté qu'au solstice d'été le Soleil est au zénith à midi, à la latitude de la ville de Syène en Égypte (c'est actuellement Assouan). Cela pouvait se voir grâce à un puits dans lequel les rayons du Soleil tombaient verticalement. En même temps, à Alexandrie d'Égypte, supposée placée sur le même méridien, l'ombre d'un objet, d'une perche verticale par exemple, indique que la distance du Soleil au zénith est de 1/50e de cercle. Si l'on projette cela sur un papier, si l'on dessine une coupe de la Terre et la distance zénithale du Soleil à Alexandrie, on voit tout de suite que l'arc qui va d'Alexandrie à Assouan est de 1/50e de cercle. Or, à l'époque, on évaluait Alexandrie comme étant à 5 000 stades au Nord d'Assouan; la circonférence terrestre est donc de 5 000 stades multipliés par 50, soit 250 000 stades. Le stade valant 160 mètres, elle est de 40 000 kilomètres.

ÉMILE NOËL C'était une mesure relativement juste.

MAURICE CAVEING C'est une très bonne mesure, arrondie bien entendu au millier de kilomètres, n'entrons pas dans les détails, mais c'est un succès qui n'a pas toujours été reconnu à sa valeur. D'autres géomètres, plus tard, n'ont pas accepté cette mesure. C'est le cas de quelqu'un comme Ptolémée, dont nous parlerons plus tard, qui, ayant sous-estimé la circonférence de la Terre, croyait que l'ancien monde (enfin le monde connu après Alexandre, qui est pour nous maintenant l'« ancien monde ») en occupait une portion plus grande que dans la réalité. C'est ce qui a induit en erreur Christophe Colomb qui a cru pouvoir atteindre l'Est de l'Inde beaucoup plus vite qu'on ne le pouvait en réalité. Mais, si Christophe Colomb avait suivi Ératosthène, il ne se serait peut-être pas embarqué!

ÉMILE NOËL En tous cas, il n'aurait pas commis l'erreur de prendre l'Amérique pour l'Inde! Mais puisque nous parlons de la mesure de la Terre... La Terre est une planète... Cela m'amène vers les étoiles... Est-ce que les mathématiciens de cette époque ont essayé d'appliquer leurs connaissances à l'astronomie?

MAURICE CAVEING C'est vrai, et ils l'ont fait d'une manière inédite, en mettant au point des méthodes de mesure qui n'existaient pas auparavant. Cela faisait en effet un certain nombre de siècles que les Grecs traitaient des problèmes d'astronomie au moyen de la géométrie. Ce que l'on voit apparaître à Alexandrie c'est une méthode qui deviendra cette branche des mathématiques que l'on appelle la trigonométrie. C'est l'art de mesurer les triangles, l'art de passer à volonté, dans un triangle, de la mesure des angles à la mesure des côtés ou de la mesure des côtés à la mesure des angles et, connaissant les uns, trouver les autres. C'est évidemment d'un grand intérêt en astronomie où, entre un astre et l'œil de deux observateurs, nous avons un triangle et qu'il est par conséquent possible, à partir de mesures d'angles, d'obtenir l'évaluation de certains rapports de distances. On peut dès lors assigner à cette période le début de la trigonométrie.

ÉMILE NOËL Il s'agit-là d'une invention. Est-elle individuelle ou collective?

MAURICE CAVEING On retient au moins trois noms, mais c'est aussi un problème ancien. C'est un problème qui remonte aux Babyloniens; celui de savoir évaluer la corde d'un arc en fonction du rayon du cercle. A partir de cette évaluation et de la division du cercle en parties égales, on peut en effet obtenir les résultats auxquels nous faisions allusion à l'instant, à savoir, dans un triangle, passer des longueurs aux angles ou vice versa. On a d'abord appelé cela le problème des cordes tout simplement, ce qui est très explicite. Il s'agit d'associer à chaque arc de cercle, du plus petit jusqu'au plus grand, la valeur de la corde correspondante en l'évaluant en fractions du rayon. La première corde a été calculée par l'astronome Hipparque de Nicée, qui vivait probablement autour de 150 avant Jésus-Christ. On n'a pas de date précise dans ce domaine. Ce fut un très grand astronome et on lui doit ce premier calcul, cette première construction systématique. Sans doute s'est-il inspiré de certains résultats de l'astronomie babylonienne mais ils ne nous sont pas parvenus. C'est à la même époque qu'on a pris l'habitude de diviser le cercle en 360 degrés.

Après lui, nous franchissons la frontière qui passe par l'ère chrétienne et nous rencontrons, vers le Ier siècle après Jésus-Christ, un autre mathématicien, Ménélaüs d'Alexandrie, qui mérite d'être mentionné. D'abord il a généralisé ce qu'on savait des triangles en matière de trigonométrie au triangle sphérique, c'est-à-dire au triangle tracé sur une sphère. C'est le père de la trigonométrie sphérique, qui est encore d'un bien plus grand usage en astronomie. Lorsque l'on suppose, en effet, que la

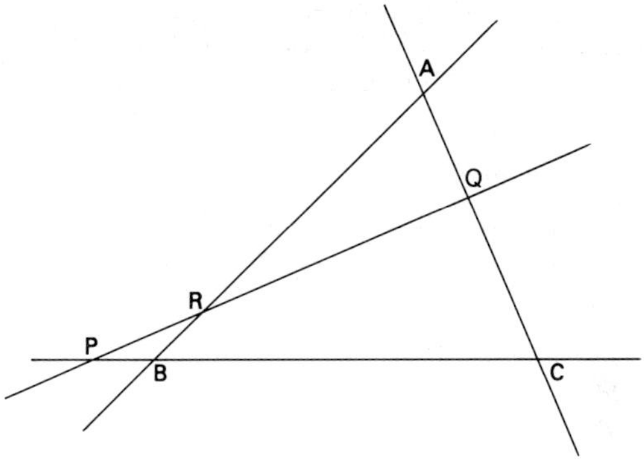

Étant donné trois points P, Q et R sur les côtés BC, CA et AB d'un triangle ABC, une condition nécessaire et suffisante pour que les points P, Q et R soient alignés est :

$$\frac{\overline{PB}}{\overline{PC}} \cdot \frac{\overline{QC}}{\overline{QA}} \cdot \frac{\overline{RA}}{\overline{RB}} = 1$$

voûte céleste est une sphère, entre trois étoiles nous avons un triangle qui peut être considéré comme tracé sur une sphère. On lui doit aussi un théorème fort important, qui a joué un grand rôle dans l'histoire ultérieure de la trigonométrie.

ÉMILE NOËL Ces méthodes permettent donc théoriquement aux mathématiciens, à partir de certaines données, de calculer la distance des astres à l'observateur et la distance des astres entre eux.

MAURICE CAVEING Certes. Et nous avons, dès l'Antiquité, des évaluations, certaines imparfaites, d'autres meilleures, des distances relatives des astres; de la distance relative du Soleil et de la Lune par exemple, grâce à ces procédés de triangulation effectués dans l'espace et avec l'aide des tables qui permettent d'associer un arc de cercle à une longueur, ou inversement.

ÉMILE NOËL Vous nous avez annoncé trois noms. Nous venons de voir les rôles respectifs d'Hipparque et de Ménélaüs. Qui est le troisième?

MAURICE CAVEING Le troisième est un grand savant très connu : Claude Ptolémée, lui aussi d'Alexandrie; Ses dates sont également très approximatives : on pense qu'il a vécu entre 100 et 160 de notre ère, au cours du IIe siècle après Jésus-Christ. Il a laissé son nom à un système d'explication du mouvement des planètes dont nous ne parlerons pas ici parce que ce n'est pas notre objet. Mais il a également laissé des résultats fondamentaux en trigonométrie, dans un ouvrage intitulé la *Collection mathématique* et qu'on a appelé traditionnellement « Très grande collection », par rapport à d'autres collections astronomiques qui traitaient de problèmes plus élémentaires. Cela se dit en grec *Mégistè syntaxis,* et les Arabes en ont fait l'*Almageste* que l'Histoire connaît pour l'ouvrage de Ptolémée. Ptolémée démontre notamment dans cet ouvrage un théorème fondamental. Si un quadrilatère convexe est inscrit dans un cercle, la somme des produits des côtés opposés est égale au produit des diagonales. Ce théorème donne la clé pour établir un cer-

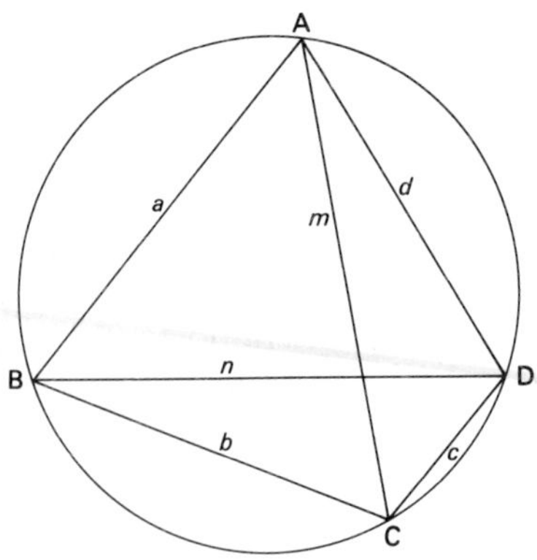

Dans un quadrilatère convexe inscriptible (A, B, C, D), on a, entre les côtés et les diagonales, les relations suivantes appelées relations de Ptolémée :

$mn = ac + bd$ et $\frac{m}{n} = \frac{ad+bc}{ab+cd}$

où l'on a posé m = AC, n = BD, a = AB, b = BC, c = CD et d = DA.

tain nombre de formules fondamentales de trigonométrie qui sont celles que, encore de nos jours, on apprend dans un cours élémentaire de trigonométrie et qu'on appelle les formules de Ptolémée. On ne parle plus de corde, on parle de sinus. Un sinus n'est pas autre chose qu'une demi-corde, la moitié de la corde d'un arc, et le cosinus, la section de la flèche du centre à la corde. La trigonométrie permet de raisonner sur des opérations portant sur les angles : différence entre des angles, sommes d'angles, etc. Si l'on appelle ces angles *a* et *b* par exemple, les formules de Ptolémée nous donnent le sinus d'une différence et d'une somme d'angles en fonction des sinus et cosinus de chacun des angles. Ce sont les célèbres formules :

$$\sin(a \pm b) = \sin a \cos b \pm \cos a \sin b$$

et les formules correspondantes pour le cosinus, dont je vous fais grâce : elles sont du même type, moyennant la permutation des signes et des valeurs, sin a et cos a.

Ces formules, auxquelles il faut en ajouter une autre fondamentale, celle qui donne le sinus de la moitié d'un angle en fonction du cosinus de cet angle, permettent à Ptolémée de calculer rigoureusement les tables trigonométriques, c'est-à-dire qu'en partant de certains angles pour lesquels la corde est connue (par exemple, pour un angle au centre de 60 degrés, la corde est égale au rayon) et en appliquant ces formules d'une manière très habile et avec une grande virtuosité, on arrive, par des soustractions, des additions, etc., à calculer le sinus de un degré, le sinus de 30 minutes, le sinus de 15 minutes; et Ptolémée parvient à ce qui est l'équivalent dans la méthode grecque d'écriture des cordes, de notre expression décimale : $\sin 30' = 0{,}00873$, valeur qui est correcte jusqu'à presque la sixième décimale. Cela lui permet d'avoir pour la valeur du nombre Pi, le rapport de la circonférence au diamètre, l'excellente valeur 377/120, qui correspond à 3,1416, la valeur qu'on apprend à l'école et qui est exacte jusqu'à la quatrième décimale. Pour un nombre comme Pi, c'est une bonne valeur à l'époque. Voilà à quoi sert le théorème de Ptolémée. Et il construit ainsi la table des sinus des arcs, depuis un quart de degré jusqu'à 90 degrés, c'est-à-dire jusqu'à l'angle droit, par accroissement de quart de degré en quart de degré, table encore utilisée 1 000 ans plus tard.

ÉMILE NOËL C'est-à-dire en plein Moyen Age. Mais, qu'y a-t-il d'autre à retenir de l'œuvre de Ptolémée?

MAURICE CAVEING On ne peut quitter Ptolémée sans dire qu'il fut un savant polyvalent... d'une certaine manière. Il fut astronome par sa théorie des planètes qui fut ensuite contestée par Copernic et sur laquelle je ne m'étendrai pas. Il fut géographe. On lui doit deux méthodes de projection de la sphère terrestre sur un plan en vue de tracer les cartes de géographie; la projection orthographique, qui est une projection orthogonale sur trois plans mutuellement orthogonaux, et la projection stéréographique, c'est-à-dire à partir d'un point choisi comme pôle sur un plan qui donne le planisphère dont il est le père. Le pôle, dans le planisphère de Ptolémée, était le pôle Sud, et le plan était l'équateur. En optique on lui doit un essai pour découvrir les lois de la réfraction, ce qu'il ne parvint pas à faire correctement, comme on sait. C'est Descartes qui les découvrit en se servant d'ailleurs des sinus. Mais, à l'époque de Ptolémée, on ne songeait à appliquer cette méthode de trigonométrie qu'à l'astronomie. Il fut donc un mathématicien qui sut appliquer ses connaissances dans divers domaines des sciences, et ce n'est pas à tort que son nom est resté dans l'Histoire. Mais il n'avait pas une confiance illimitée dans la valeur de la science de son époque et c'est la raison pour laquelle il se permit d'écrire aussi un autre livre qui s'appelle *Le Tetrabiblos,* dans lequel il expose que peut-être l'astrologie devrait être prise aussi en considération. C'était là sa faiblesse.

ÉMILE NOËL Il semble donc que Ptolémée soit le personnage le plus marquant de cette période qui s'étend sur presque quatre siècles. Y a-t-il, après Ptolémée, d'autres scientifiques, théoriciens ou non, dont l'œuvre retient l'attention ?

MAURICE CAVEING Il y a un ingénieur qui a, lui aussi, laissé un nom assez célèbre. C'est Héron d'Alexandrie, dont la date est également controversée. On le situe entre 100 et 200 après Jésus-Christ. Il a écrit plusieurs ouvrages, mais un surtout qu'on a connu en latin sous le titre de *Metrica,* ou *Les Métriques.* C'est là ce qui correspond à ce que j'appelais au début « mensuration ». Héron donne une série de procédés pour mesurer toute sorte d'objets auxquels on peut avoir affaire dans la technique, toutes sortes de formules, non canoniques, mais qui permettent d'obtenir des résultats lorsqu'on dispose de certains types de mesures seulement. Certains de ses résultats ont une valeur mathématique indéniable. Par exemple, la formule qui donne la surface du triangle en fonction des côtés, sans faire intervenir la hauteur, assez jolie par son homogénéité : si on appelle s le demi-périmètre et a, b, c les côtés, la surface du triangle est donnée par $\sqrt{s\,(s-a)\,(s-b)\,(s-c)}$. C'est une jolie formule qui se démontre. La mathématique de Héron est un peu comme celle des Babyloniens ; elle fait flèche de tout bois, explore dans toutes les directions les diverses formules possibles et se pose toute sorte de problèmes non canoniques. En voici un exemple : si l'on additionne le diamètre d'un cercle avec sa circonférence et sa surface et qu'on trouve tel

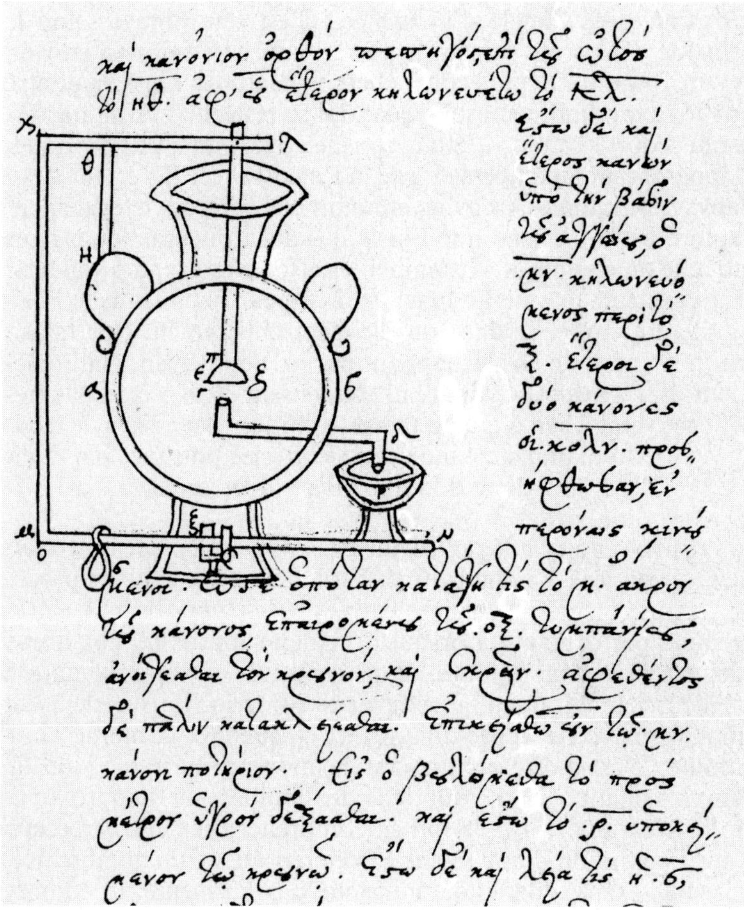

Régulateur à flotteur d'Héron d'Alexandrie.

nombre, peut-on calculer son rayon? Pour un géomètre de stricte observance, ajouter une surface à une longueur n'a pas de sens. Mais d'un point de vue purement calculatoire, on obtient une équation du second degré, qu'Héron résout assez facilement. Il traite aussi des problèmes que l'on appelle indéterminés, qui ont plusieurs solutions selon qu'on fait telle ou telle hypothèse sur telle ou telle grandeur.

C'est lui encore qui a donné une preuve de la loi de la réflexion des rayons lumineux qui affirme l'égalité de l'angle de réflexion avec l'angle d'incidence. C'est une preuve selon le principe d'Aristote suivant lequel la nature ne fait rien en vain et suit toujours le plus court chemin. Héron a ainsi démontré que le rayon lumineux suit, quand il se réfléchit sur un miroir, le plus court chemin. C'était, vous le voyez, un esprit pratique, s'apparentant aux ingénieurs de la Renaissance. Il y en eut aussi dans l'Antiquité, Archytas notamment. Héron a également exploré cette branche que l'on appelait la pneumatique, dans laquelle on s'amusait à examiner les effets des gaz, des vapeurs. Il a construit une petite machine à vapeur dans laquelle l'eau bouillante contenue dans un récipient entièrement clos faisait tourner une roue en s'échappant par un petit tuyau. Naturellement, il n'y avait ni cylindre ni condenseur et ce n'était pas très efficace, mais il en a quand même eu l'idée. Il a essayé de trouver la loi du plan incliné qui sera découverte plus tard par Galilée et qu'il donne donc d'une manière incorrecte.

Enfin, il a donné, entre autres choses (je ne cite que quelques exemples), un algorithme, c'est-à-dire une suite de procédés, pour calculer les racines carrées. C'est une formule extrêmement performante. Lorsque l'on a une approximation d'une racine carrée d'un nombre, on peut obtenir une approximation meilleure en ajoutant à cette approximation le quotient du nombre par cette approximation et en prenant la moitié de la somme, c'est-à-dire en prenant la moyenne arithmétique de l'approximation et du quotient du nombre par l'approximation. C'est une formule qui se comprend aisément parce que l'approximation d'une racine carrée représente un nombre qui, s'il était exact, donnerait, multiplié par lui-même, le nombre dont on cherche la racine carrée. Donc, en prenant le quotient du nombre dont on cherche la racine carrée par cette approximation, on a une autre approximation qui est excessive si la première est en défaut ou l'inverse, et en prenant la moyenne arithmétique des deux on obtient une meilleure approximation. En appliquant ce procédé de manière itérative, on obtient des résultats qui convergent très vite. Mais c'était une formule déjà connue des Babyloniens. Il semble donc que l'on ait, à Alexandrie, une sorte de point d'aboutissement d'une tradition recueillie du Moyen-Orient et exploitée par les géomètres grecs. Cela prouve que la mathématique grecque n'est pas d'un seul tenant et que tout ne ressemble pas à ce qu'on trouve chez Euclide.

VIII
D'Alexandrie à Byzance

Vers le crépuscule

Maurice Caveing

ÉMILE NOËL Nous avons terminé notre précédent entretien, après avoir parlé de Ptolémée, en introduisant l'œuvre de Héron d'Alexandrie. Nous n'avions pas encore rejoint Byzance. Il restait encore à connaître certains autres mathématiciens notoires à Alexandrie. Quels sont-ils? Jusqu'à quelle époque des travaux importants, des recherches, des découvertes sont-ils réalisés à Alexandrie?

MAURICE CAVEING A Alexandrie, l'activité mathématique dure jusqu'à l'aube du Ve siècle de notre ère. D'autre part, il y a encore, dans le monde ancien, celui qui reste officiellement païen, certains îlots d'activité, même à Athènes au Ve siècle. Ensuite, on assiste à la fin du paganisme et à une transition vers d'autres civilisations que nous verrons à la fin.

ÉMILE NOËL Est-ce qu'il y a des personnalités qui émergent comme celles qu'on a rencontrées auparavant en Grèce, des figures comme celle d'Euclide, d'Archimède ou d'Apollonius? Est-ce qu'elles abordent les grandes catégories mathématiques?

MAURICE CAVEING D'une certaine manière, oui et, d'une autre, non. On n'a pas de traités, mis en forme comme chez les mathématiciens que vous venez de citer. Mais on peut dire qu'il y a probablement vers le IIIe siècle (parce que les dates ne sont pas précisément connues) comme une renaissance des mathématiques et cela dans deux domaines et avec deux personnages importants qui sont tous deux d'Alexandrie. L'un dans le domaine de la théorie des nombres, qui se nomme Diophante, et l'autre dans le domaine de la géométrie générale, qu'on connaît sous le nom de Pappus d'Alexandrie (c'est naturellement un nom latinisé, puisqu'en grec cela serait Pappos) dont l'œuvre a joué un rôle important par la suite. Nous pouvons, si vous voulez, commencer par Diophante d'Alexandrie : c'est quelqu'un qu'on cite volontiers comme étant le père de l'algèbre.

ÉMILE NOËL C'est la première fois que vous introduisez le terme d'algèbre !

MAURICE CAVEING C'est vrai. L'algèbre est de source arabe : l'algèbre comme théorie et comme résolution d'équations abstraites, ce sont les Arabes qui l'ont développée. Diophante a longtemps fait illusion en ce domaine : on croyait y trouver les prémices de notre algèbre. En fait, c'est une sorte d'intermédiaire qui reprend certaines des traditions de Babylone, et qui s'occupe plutôt, et indirectement, de théorie des nombres. Dans l'œuvre de Diophante, on trouve des séries de problèmes numériques selon la tradition orientale; ce ne sont pas des problèmes concrets, mais des problèmes sur des nombres qui ne sont pas spécifiés. On ne sait pas s'il s'agit d'unités de poids et mesures. Ce sont des nombres pris en eux-mêmes.

Le mieux est que je vous donne un exemple : deux nombres ont pour somme 20, la somme de leurs carrés est 208. Quels sont ces deux nombres ? C'est un problème que l'on peut évidemment considérer comme un problème d'algèbre, dans ce sens qu'il faut un petit calcul algébrique pour le résoudre. Mais vous voyez tout de suite qu'il n'y a là aucune théorie des équations. Il n'est pas question non plus de symboles abstraits. Il s'agit de nombres particuliers; on donne 20 et 208. Naturellement, si on sait résoudre un problème particulier de ce genre, on sait résoudre tous ceux qui sont du même type, mais ce n'est pas encore une théorie algébrique, d'autant moins que, le plus souvent, Diophante traite des problèmes qu'on dit indéterminés, qui appartiennent à ce qu'on appelle l'analyse indéterminée, et pour lesquels il y a une infinité de solutions. On donne généralement, de toutes les solutions possibles, la plus petite; c'est une technique traditionnelle.

ÉMILE NOËL La plus petite, c'est-à-dire ?

MAURICE CAVEING Celle dont la solution est dans les nombres les plus petits. Dans l'exemple que j'ai donné, il n'y a qu'une solution. Mais il y a d'autres exemples (qui sont les plus nombreux) où l'on a une série infinie de solutions, proportionnelles ou qui ont une relation entre elles et forment une famille. On donne la solution dans les plus petits nombres, mais sans fournir aucune explication. C'est comme dans les textes babyloniens, il n'y a aucune théorie, aucun théorème, aucune explication. Ce sont des données numériques et les solutions sont toujours rationnelles : ce sont des entiers ou des fractions. On a dit qu'il y avait symbolisme parce qu'il y a quelques abréviations utilisées pour désigner le nombre qu'on cherche, pour désigner les puissances carré, cube, et même au-delà. C'est intéressant, mais on n'utilise pas de nombres négatifs et il n'y a pas de théorie algébrique générale. C'est plutôt un moyen de réfléchir sur les propriétés des nombres, et la postérité de Diophante se trouve, par exemple, au XVIIe siècle, chez un homme comme Fermat. Il est l'initiateur de ce qu'on appelle la théorie des nombres dans les mathématiques modernes, avec un problème comme celui-ci : diviser un nombre carré parfait en deux autres carrés parfaits, c'est-à-dire, en somme, résoudre en entiers l'équation $x^2 + y^2 = z^2$. Ce type de problème fait appel à des techniques algébriques, mais est un problème de théorie des nombres, car il s'agit de savoir, finalement, quelles sont les propriétés des nombres qui peuvent se prêter à cette opération. C'est donc, en réalité, la forme supérieure de l'arithmétique.

ÉMILE NOËL Est-ce qu'on a une idée des raisons pour lesquelles Diophante s'intéressait à ce genre de problèmes? Est-ce qu'ils étaient liés à des applications pratiques ou bien est-ce que c'étaient de simples jeux de l'esprit ?

MAURICE CAVEING Ce sont vraiment des problèmes qui relèvent de la recherche mathématique, et c'est pourquoi on a vu en Diophante, peut-être un peu abusivement, le père de l'algèbre. Il faudrait, d'une certaine manière, aller plus loin, car l'algèbre a des applications pratiques, tandis que la théorie des nombres est la partie la plus pure et la plus désintéressée des mathématiques. C'est vraiment pour la beauté de la chose que les mathématiciens étudient ces relations complexes et difficiles, notamment entre les nombres entiers. Diophante ne nous l'explique pas, mais c'est un prolongement naturel du type de problèmes que les Orientaux s'étaient posés au départ, probablement dans un esprit de jeu, de curiosité, et qui débouche sur des mathématiques très abstraites.

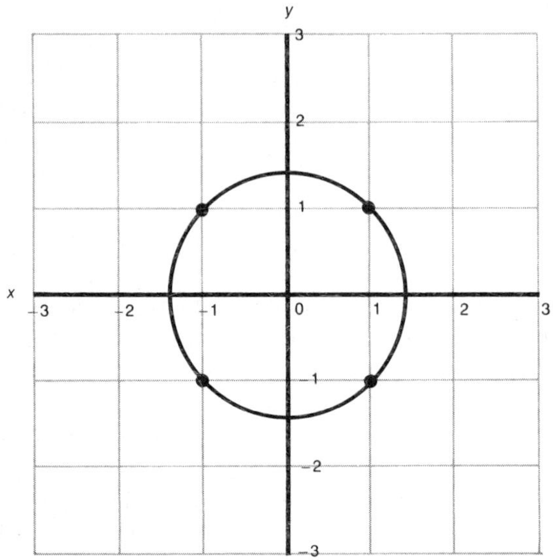

$x^2 + y^2 - 2 = 0$

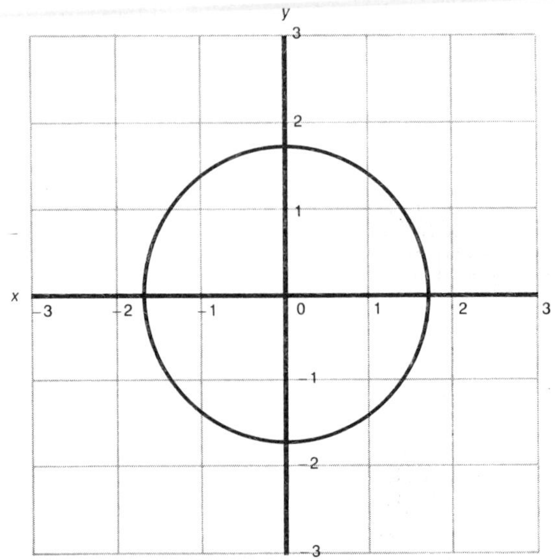

$x^2 + y^2 - 3 = 0$

Une équation Diophantienne est une équation dont certaines solutions sont des nombres entiers. En haut l'équation $x^2 + y^2 - 2 = 0$ a une infinitié de solutions mais seulement quatre solutions entières, représentées par les points. En bas l'équation $x^2 + y^2 - 3 = 0$ n'a pas de solution entière : ce n'est pas une équation Diophantienne.

ÉMILE NOËL Je retiens l'intérêt de Diophante pour la théorie des nombres, un peu comme une préfiguration de ce qui allait devenir l'algèbre. Vous avez tout à l'heure évoqué Pappus d'Alexandrie. Est-ce que ce mathématicien s'intéressait lui aussi aux nombres ou bien, avec lui, revenons-nous aux figures? Cela fait longtemps qu'on n'a pas parlé de géométrie.

MAURICE CAVEING En ce qui concerne Pappus d'Alexandrie, nous avons des fragments d'un grand recueil qui s'appelait « *la Collection mathématique* », dont certaines parties ont subsisté en traduction arabe, et dont certaines autres nous sont directement parvenues. C'est un homme qui a, en somme, fait le bilan de l'acquis et des problèmes de la mathématique ancienne. Nous ne savons pas s'il pressentait qu'après lui il n'y aurait plus de grands noms, mais, en tout cas, il a fait ce bilan et on lui doit un certain nombre de problèmes et d'idées très importants. Avant de vous en parler plus en détail, je vous citerai, à titre d'illustration amusante, une question qui lui a donné l'occasion de célébrer la sagacité des abeilles. Il y a en effet, en géométrie, le problème de ce qu'on appelle l'isopérimétrie, c'est-à-dire celui des figures qui ont même périmètre. Le théorème indique que dans le cas des figures planes qui ont les mêmes longueurs de périmètre, celle qui a le plus grand nombre de côtés a la surface la plus grande. Or les cellules des abeilles sont des hexagones; on ne peut recouvrir le plan que par des triangles, des carrés ou des hexagones. L'hexagone est la figure qui a le plus grand nombre de côtés, et celle qui, par conséquent, pour une longueur donnée du périmètre, enferme la surface la plus grande. Pappus concluait que les abeilles avaient choisi la meilleure solution, autrement dit qu'elles avaient « optimisé », comme nous dirions, leurs ruches, et que c'était là une preuve de leur sagacité.

Eh bien, ces problèmes sont des applications de la grande théorie mathématique euclidienne et Pappus les a étudiés et développés. Je signalerai par exemple que c'est lui qui a distingué, dans les raisonnements mathématiques, le raisonnement analytique et le raisonnement synthétique. L'un part du problème supposé résolu pour remonter aux données, l'autre part au contraire de ce qui est déjà connu pour aller vers l'inconnu. Ce double mouvement réciproque, de l'analyse et de la synthèse, est celui-là même dont Descartes a fait les deuxième et troisième règles du *Discours de la Méthode*.

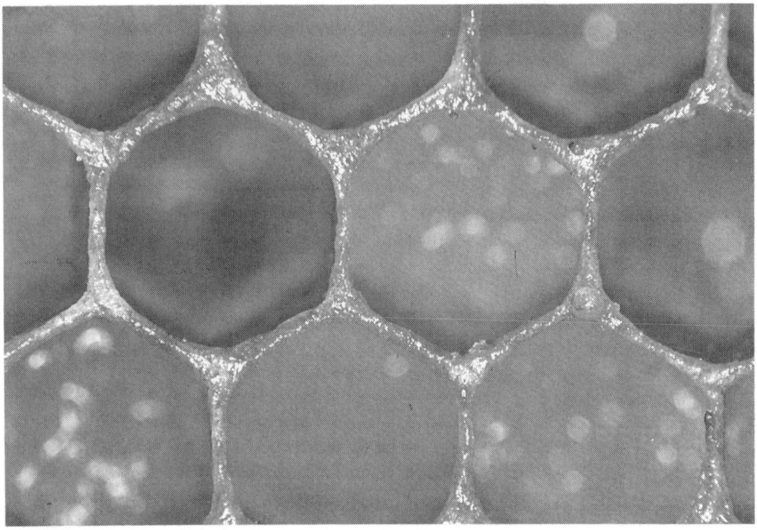

L'hexagone « pave » le plan ; de plus parmi les polygones qui pavent le plan c'est l'hexagone qui pour une longueur donnée du périmètre enferme la surface la plus grande... les abeilles l'on découvert au cours de l'Évolution.

Mais la partie importante de cette œuvre, c'est tout ce qui nous est conservé sur ce qu'on appelle les lieux géométriques : des lignes dont tous les points possèdent les mêmes propriétés. Le cercle est le lieu géométrique des points équidistants d'un point intérieur appelé centre. Il y en a beaucoup d'autres, bien sûr, et la théorie des lieux géométriques est en somme, dans l'Antiquité, l'ancêtre de ce qui sera, aux XVIIe et XVIIIe siècles, la théorie des courbes. Pappus a distingué diverses sortes de problèmes, les uns appelés « plans », qui sont solubles avec les moyens de la géométrie traditionnelle, c'est-à-dire la droite et le cercle, la règle et le compas, d'autres appelés à l'époque « problèmes solides » qui exigent l'intervention des courbes qui sont des sections coniques : ellipse, parabole, hyperbole, d'autres encore, qui correspondent à des courbes plus complexes dont certaines non algébriques. Alors qu'il n'avait pas les moyens de l'algèbre, ni ceux qu'aura Descartes, il a ainsi donné une classification des lieux géométriques extrêmement intéressante. Il a en particulier considéré le problème suivant : quelles sont les courbes qui sont lieux géométriques des points, dont les distances à des lignes droites d'un plan satisfont certaines conditions, à savoir que le produit des distances à trois droites soit dans un rapport constant donné au produit des distances à trois autres ? Et il l'a généralisé au cas de 2 *n* droites.

ÉMILE NOËL Ce n'est pas facile à visualiser.

MAURICE CAVEING C'est extrêmement difficile à visualiser parce qu'il envisage en somme d'aller au-delà des trois dimensions, au-delà du cas de deux groupes de trois droites.

ÉMILE NOËL Est-ce qu'on peut avoir une représentation simplifiée?

MAURICE CAVEING Difficilement. Mais on peut remarquer qu'on a un cas simple, celui des coniques, où le rapport constant est celui des distances à un point et à une droite seulement. Il a en somme généralisé ce type de question. On connaissait un certain nombre de lieux géométriques dans l'Antiquité, notamment les sections coniques, mais on connaissait aussi d'autres courbes : les spirales, les hélices enroulées autour de cylindres, etc. Pappus a cherché une classification générale, reposant sur des critères mathématiques. Évidemment le travail lui avait été grandement facilité par Apollonius, dont nous avons parlé précédemment; quant à son fameux problème, il était réservé à Descartes de donner la réponse dans toute sa généralité : la solution se trouve dans le degré des courbes, si ce sont des courbes algébriques, donc courbes du second degré, du troisième, du quatrième degré, etc.

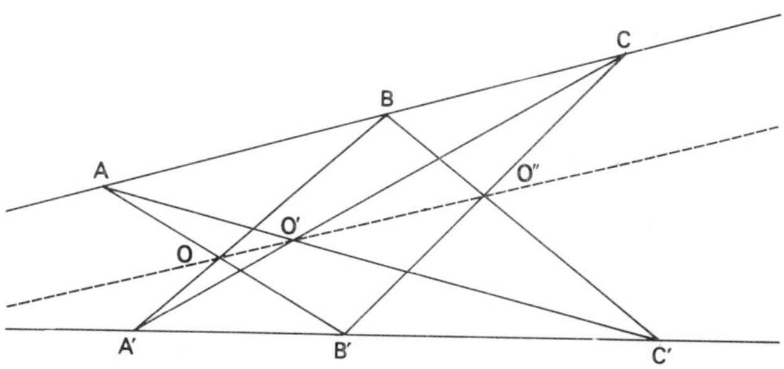

Un des théorèmes de Pappus indique que quels que soient les points ABC et A′B′C′, les points O, O′ et O″ sont alignés.

Pappus n'avait pas les moyens de donner cette réponse. Descartes eut l'occasion d'accomplir son premier travail important en géométrie, lorsqu'en se promenant dans les rues d'une ville de Hollande, Breda, je crois, il vit affiché ce qu'on appelait le problème de Pappus. Vous savez qu'en effet, à l'époque on faisait savoir par voie d'affiche les problèmes à résoudre, on les mettait au concours. Et Descartes rapporta la solution quelques jours plus tard. Il avait résolu le problème de Pappus au moyen de la géométrie analytique.

ÉMILE NOËL Évidemment, il n'est pas très facile de visualiser ce que vous venez de nous dire. Par ailleurs, j'imagine que le formalisme qu'on connaît actuellement, la façon de construire une hyperbole ou une parabole, à partir de droites perpendiculaires, n'était pas pratiqué à l'époque. Alors comment a-t-on découvert toutes ces courbes?

MAURICE CAVEING L'usage général, en mathématique, des axes de coordonnées perpendiculaires date en effet de Descartes et correspond à ce qu'on a appelé la géométrie analytique. C'est par rapport à ces axes que l'on construit les équations des courbes. Dans l'Antiquité, il n'en est pas de même. Les courbes ont été étudiées, probablement à partir de l'époque de Platon, et dans une assez longue histoire qu'on a évoquée au cours d'entretiens précédents. La spirale, par exemple, a été étudiée par Archimède, les courbes qui sont des sections du cône ont été étudiées par Apollonius, et les Anciens y sont parvenus en réfléchissant aux mouvements simples que l'on peut imprimer à certaines figures. Pappus a repris tous les résultats, tous les théorèmes qui avaient été démontrés par ses prédécesseurs. Il a systématiquement repris toutes ces notions et, dans certains cas, il a posé des problèmes plus généraux, ou même énoncé d'autres théorèmes. Par exemple, le théorème du volume engendré par une courbe plane fermée, tournant autour d'un axe, situé dans son plan, qui ne la traverse pas. C'est un problème tout à fait théorique, qu'on peut concevoir simplement en tant que géomètre. On a une courbe plane fermée et elle tourne autour d'un axe qui ne la traverse pas...

ÉMILE NOËL C'est un pneu, non?

MAURICE CAVEING Si la courbe est un cercle, on obtient en effet un tore. Mais Pappus pose le problème dans toute sa généralité : une courbe plane quelconque, pourvu qu'elle soit fermée, tracée selon n'importe quel principe, et qu'on fait tourner autour d'un axe qui ne la traverse pas. Et il indique que la solution pour ce volume est le produit de la surface enfermée par la courbe, par la distance franchie par son centre de gravité. Naturellement, on ne sait pas calculer cette surface dans la généralité des cas. On sait la calculer quand c'est un cercle, une ellipse, une courbe régulière, mais la notion de surface n'en existe pas moins, et Pappus donne la solution générale : multiplier l'aire de la surface par la distance parcourue par le centre de gravité de cette surface.

Ce qui est très remarquable est que c'est une réponse entièrement théorique. Elle n'est pas calculable à l'époque, sauf cas particuliers, mais elle est valable. Cela donne une idée du point auquel était arrivée une réflexion purement géométrique, reposant seulement sur les figures. Elle portait très loin ; au point que, pendant très longtemps, jusqu'au début du XIXe siècle, on appellera très souvent les mathématiciens des géomètres. Ce n'est plus le cas maintenant.

ÉMILE NOËL Enfin, quelles que soient les courbes que nous-même nous soyons en train d'emprunter, il faut bien que nous arrivions à Byzance.

MAURICE CAVEING Oui, et nous touchons là à la fin de l'Antiquité païenne. Il y a encore dans les années 410-485, un homme, à Athènes, du nom de Proclus, successeur des Diadoques qui étaient à la tête de l'Académie depuis Platon, qui commente le premier livre d'Euclide. C'est un commentaire très utile qui nous apprend beaucoup de choses, mais, en cette même période, en 415, une mathématicienne d'Alexandrie, qui s'appelait Hypatia, est assassinée au cours d'une émeute par une populace déchaînée, animée de sentiments chrétiens, qui pourchasse ceux que l'on peut appeler les universitaires païens. C'est un symbole. En 524, sous Théodoric, à Rome, le sénateur Boèce, qui avait traduit en latin l'*Arithmétique* de Nicomaque, les théories musicales de l'Antiquité, et une série de manuels mathématiques, est exécuté sur ordre de l'Empereur sous le motif de dissensions politiques. En 529, Justinien ferme les Écoles d'Athènes, c'est-à-dire les universités païennes, et le dernier successeur de Platon, à la tête de l'Académie, Simplicius, le commentateur d'Aristote, s'exile auprès de Chosroès, qui règne en Iran. C'est la même année qu'est fondé le monastère du Mont-Cassin.

ÉMILE NOËL Est-ce que c'est la fin des mathématiques grecques?

MAURICE CAVEING C'est en tout cas un symbole. Ce n'est pas la fin des mathématiques grecques; elles survivent dans l'Empire byzantin et nous avons au VIe siècle une série de noms : Eutocius, Isidore de Milet, Anthémius de Tralles, etc. qui commentent Euclide, écrivent même des livres supplémentaires aux *Éléments*. C'est Isidore de Milet qui construit la basilique de la Sacrée Sagesse, connue plus prosaïquement sous le nom de Sainte-Sophie, qui existe encore et dont la construction de la coupole implique évidemment des connaissances mathématiques. Là, les mathématiciens servent à construire un temple chrétien. Et puis, nous avons au cours du Moyen Age jusqu'en 1300, à diverses époques, des écrits mathématiques qui reprennent la tradition antique, mais sans génie particulier. Ce sont des compilations, ce sont des commentaires, ce sont des manuels qui nous transmettent, dans la langue d'origine (c'est ce qui est intéressant), les documents, la tradition. Ceci nous prouve que les moines byzantins lisaient les auteurs grecs dans le texte, à la différence des moines occidentaux. Ainsi des gens comme Michel Constantin Psellos qui vivait dans les années 1050, Georges Pachymère qui vécut entre 1242 et 1316 et qui fit justement un commentaire de Diophante; Maxime Planude qui écrivit tout un livre sur la manière de se servir des chiffres arabes, et de faire les quatre opérations, multiplication et division comprises, avec ces chiffres, et qui mourut vers 1310. Des gens encore qui s'occupent de carrés magiques. Tout ceci représente vraiment des intérêts tout à fait partiels pour telle ou telle question mathématique, mais les méthodes de calcul des Grecs sont toujours présentes, et c'est un témoignage très précieux quand même sur la façon dont procédaient les gens de l'Antiquité classique.

ÉMILE NOËL Si je comprends bien, dans cette période, il y a eu, d'une part, application de connaissances mathématiques, à la construction par exemple, et, d'autre part, des écrits portant témoignage, conservant trace de ce que furent les mathématiques grecques.

MAURICE CAVEING Disons que les moines byzantins en savaient plus que leurs collègues des monastères d'Occident. Les mathématiques, au Moyen Age, sont pour ainsi dire abandonnées. La véritable relève va se faire non à Alexandrie même,

Boèce (480-524), par Juste de Gand (15e siècle).

Sainte-Sophie, construite au VIe siècle par Isidore de Milet.

lorsque les Arabes arriveront, mais bien à Bagdad, où ils vont trouver tous les textes grecs classiques, qui seront alors traduits et ce sera le début des mathématiques arabes.

ÉMILE NOËL Avant de quitter définitivement les Grecs, peut-on faire le point sur l'apport que représentent leurs mathématiques, et l'impact de leurs découvertes sur les mathématiques occidentales jusqu'à nous?

MAURICE CAVEING Il est difficile de répondre à cette question. Incontestablement avec les Grecs, quelque chose naquit qui n'existait pas avant. C'est la démonstration. C'est l'art de démontrer un théorème, de faire des traités cohérents, c'est-à-dire de faire pénétrer la logique abstraite dans les connaissances mathématiques, dont une partie avait pu être accumulée par les Orientaux. C'est là un acquis, et cela constituera pour les mathématiciens postérieurs une sorte d'idéal, dont ils s'efforceront toujours de s'approcher. Mais les Grecs n'ont pas seulement créé cette forme unique, ils ont, comme nous avons pu le constater aujourd'hui, porté la géométrie à un point de développement tel qu'il y a presque une continuité entre eux et les gens des XVIe et XVIIe siècles. Ils sont allés très loin : ils ont frôlé l'analyse infinitésimale, la théorie de l'intégration, etc. Ce fut une catastrophe que tout cela ait été interrompu pour des raisons étrangères, qui tiennent à l'évolution de l'Empire romain, à sa décadence politique, économique, etc., et à la disparition de l'enseignement et de la culture intellectuelle à la fin de l'Empire romain. Quelque chose d'assez dramatique, noté par Paul Tannery, qui s'interrogeait : « Qu'est-ce qui peut faire, en effet, que les mathématiques un jour disparaissent? Aurons-nous des mathématiques dans 4 000 ans? Qu'est-ce qui peut leur arriver? » etc. Il y a comme une plongée; les mathématiques disparaissent, et ce qui subsiste au Moyen Age, pendant de longues périodes, est négligeable. Elles disparaissent et elles sont transférées dans un autre cadre, celui de la civilisation et de la culture arabes. C'est quand même une leçon, car cela montre que des acquis de l'intelligence peuvent périr quand des conditions tout à fait extérieures, socio-économiques, disparaissent, et que leur transmission de génération en génération ne peut plus être assurée.

Cette inscription sur os divinatoire est gravée, comme d'autres, sur une omoplate de mouton. Il s'agit du spécimen n° 974 de la collection Couling-Chalfant d'os divinatoires de la période Shang. L'omoplate a été déterrée au voisinage d'An-yang, dernière capitale de la dynastie Shang. L'écriture chinoise présente le style simple et typique de cette période. La divination a eu lieu le 34e jour. La double interrogation est : « Est-ce qu'il pleuvra le 37e jour ? Est-ce qu'il ne pleuvra pas le 37e jour ? »

IX
La Chine

J.-C. Martzloff

ÉMILE NOËL Il faudrait, sans conteste, beaucoup plus d'un chapitre pour traiter des mathématiques chinoises. Nous répétons ici l'injustice habituelle et dominante de la pensée occidentale qui cherche sa filiation mathématique chez les Grecs via la culture arabe et ignore les « autres ». Aussi la première chose à faire est de situer les mathématiques chinoises. Le mieux sans doute est de commencer par préciser les sources sur lesquelles on se fonde pour étudier ces mathématiques.

J.-C. MARTZLOFF En simplifiant, on peut dire qu'on possède deux types de sources. Il s'agit d'abord de celles qui sont issues des recherches archéologiques (inscriptions sur écailles de tortue, sur des objets en bronze, sur des pièces de monnaie, etc.). Il s'agit ensuite de sources imprimées, c'est-à-dire, en pratique, de livres. Le premier type de source ne donne pas de renseignements très intéressants sur les mathématiques parce qu'elles ne traitent pas spécialement du sujet : on se trouve dans la même situation que si on voulait reconstituer l'histoire des mathématiques, en Europe, au XIXe siècle, à partir de la lecture des romans de Victor Hugo ! On y trouve bien des dates, des nombres par-ci par-là, mais aucun texte mathématique, aucun raisonnement suivi. On sait quand même, malgré tout, qu'à partir de 1400 avant Jésus-Christ les Chinois calculent en utilisant un système de numération de position décimal, c'est-à-dire presque exactement comme nous le faisons maintenant avec neuf chiffres particuliers. Dans les inscriptions sur écailles de tortue (destinées essentiellement à la divination) on note la présence de symboles particuliers pour les dizaines, centaines, milliers et myriades. Vers le début de l'ère chrétienne, un système de calcul à l'aide de baguettes qui aura de l'importance dans la pratique savante des mathématiques commence à se développer. Le zéro (sous la forme que nous le connaissons) apparaît tardivement en Chine, au XIIIe siècle.

Pour ce qui est des autres sources, c'est presque un miracle qu'on y ait encore accès parce que, d'après différentes recherches, on sait que seulement dix pour cent de ce qui a existé a été préservé. Et ce miracle, nous le devons au fait que les Chinois ont inventé l'imprimerie, je devrais dire plutôt la xylographie (l'art de graver sur bois), 500 ans avant l'Europe : l'un des plus anciens documents chinois reproduit par xylographie est le « *Sutra du diamant* » (vers 868). Grâce à cette technique, de nombreux livres ont été imprimés et diffusés à partir de l'an 1000, et c'est ce qui explique qu'on ait certains renseignements sur les mathématiques chinoises alors que pratiquement tous les manuscrits de la période antérieure ont été perdus. Il existe des manuscrits mathématiques chinois remontant aux VIIIe-IXe siècles de notre ère, mais leur contenu mathématique n'est pas très intéressant. L'un des plus anciens livres mathématiques chinois qui nous soit parvenu fut xylographié en 1231 et est censé être une réédition d'un ouvrage de la dynastie des Han (– 206 + 220), les « Neuf chapitres sur l'art mathématique ».

ÉMILE NOËL Que sait-on alors des mathématiques qui sont apparues à partir du IIe siècle avant notre ère?

J.-C. MARTZLOFF Comme je viens de le dire, nous possédons des livres de mathématiques chinoises. Il s'agit d'abord des manuels qui ont servi dans l'enseignement sous la dynastie des Tang (618-907). Ces manuels ne sont pas tous élémentaires et ont servi au niveau de ce que l'on appellerait maintenant l'Université, pour des études qui duraient jusqu'à sept ans et qui donnaient lieu à des examens. Parmi ces manuels, celui qui a le niveau le plus élevé n'est pas le plus récent, mais le plus ancien : il s'agit des *Neuf chapitres sur l'art mathématique* où l'on trouve en particulier une méthode de résolution des systèmes linéaires par réduction de la matrice du système à la forme triangulaire et par substitutions successives (méthode dite « de Gauss »).

Cela ne veut pas dire que les mathématiques chinoises ont commencé *ex nihilo* par des mathématiques de niveau élevé, mais simplement que d'autres matériaux plus élémentaires ont été perdus depuis. Après les Tang, on a un trou de quatre siècles pendant lesquels on devine qu'il s'est passé beaucoup d'événements, mais sans qu'on puisse préciser lesquels. Subitement, au cours du XIIIe siècle, apparaissent une dizaine de livres qui témoignent d'un développement extraordinaire de l'algèbre en Chine. Au cours de la période suivante, ces merveilleux livres d'algèbre disparaissent aussi mystérieusement qu'ils sont apparus et le niveau des mathématiques chinoises tombe au plus bas : on ne trouve plus que de l'arithmétique commerciale et c'est à ce moment-là que le boulier apparaît. L'origine du boulier chinois reste obscure : certains historiens le font dériver du boulier romain mais il ne semble pas avoir existé avant les XIIe-XIIIe siècles.

ÉMILE NOËL Entrons plus dans le détail. Comment sont faits les livres que vous mentionnez? A quoi ressemblent les textes? Quel type de mathématiques découvre-t-on en lisant ces ouvrages?

J.-C. MARTZLOFF Ce qu'on trouve dans les manuels de mathématiques chinois ressemble beaucoup à ce qu'on trouve dans les documents égyptiens ou babyloniens. Les manuels renferment des séquences de problèmes accompagnés de leurs recettes de solutions, les thèmes de ces problèmes n'étant pas des questions théoriques de mathématiques, mais des questions touchant aux finances, au commerce, à l'architecture, à l'arpentage, en un mot, à la vie de tous les jours. On a bien affaire à un corpus de mathématiques utilitaires et il semble donc que les Chinois ne se soient pas beaucoup intéressés aux raisonnements en tant que tels, comme les Grecs l'ont fait, par exemple. Seulement, quand on regarde les textes de près, on s'aperçoit que cette impression ne reflète qu'une partie de la réalité, même si elle est globalement exacte.

Les recherches récentes ont montré que quelques mathématiciens chinois ont rédigé des *preuves explicites* de résultats mathématiques. Ce fut le cas, par exemple, de Liu Hui (IIIe siècle de notre ère) que l'on peut considérer comme l'Euclide chinois : il justifie la formule permettant de calculer le volume de la *pyramide* selon une méthode analogue à celle d'Euclide, explicite toute les étapes du calcul de Pi, prouve le théorème de Pythagore, etc.

En fait, beaucoup de problèmes sont purement fictifs. Ainsi, il en existe un où l'on demande de partager une somme d'argent qui n'est pas entière entre trois hommes 1/3. Les pro-

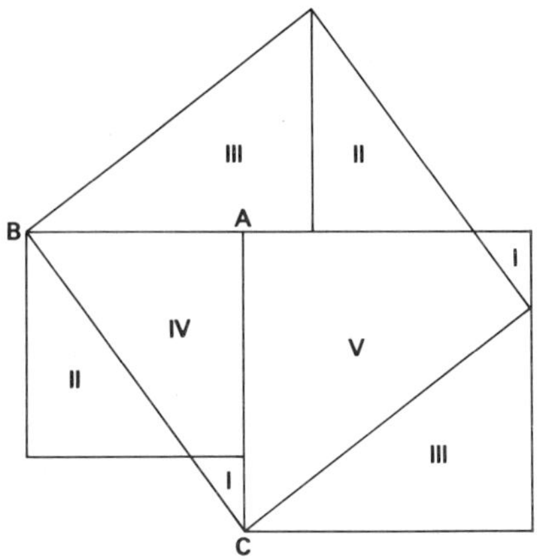

Le théorème de Pythagore selon un auteur chinois du XIXe siècle : les deux carrés du côté de l'angle droit du triangle ABC se composent respectivement des pièces II, IV et I, III, IV. En assemblant ces cinq pièces comme l'indique la figure, on reconstitue le carré de l'hypoténuse.

blèmes de ce genre n'ont aucun sens pratique. Certes, vous pourriez me dire qu'il suffirait de changer les données en prenant des nombres plus « raisonnables » pour que l'on puisse retrouver une situation « concrète ».

ÉMILE NOËL On voit évidemment qu'il s'agit-là de quelque chose qui ressemble à un jeu, à un jeu mathématique.

J.-C. MARTZLOFF C'est tout à fait vrai. Mais il y a mieux que cela. Il y a d'autres problèmes chinois qui sont vraiment de purs jeux de l'esprit, de purs divertissements gratuits et qu'on classerait maintenant dans la rubrique des récréations mathématiques. Prenons, par exemple, le cas des carrés magiques, bien connus en Chine. De quoi s'agit-il ? Imaginez une grille, comme une grille de mots croisés, dans laquelle, au lieu de mettre des lettres on mettrait des chiffres de façon que les sommes de ceux-ci selon toutes les horizontales, dans toutes les verticales et les deux diagonales soient toutes égales. La résolution de ce genre de problème peut déboucher sur des résultats qui ont de l'intérêt pour les mathématiques, même de nos jours (le problème des carrés magiques fait partie de l'analyse combinatoire, branche des mathématiques dans laquelle on recherche des configurations répondant à certaines conditions, ici : avoir une somme constante). Toutefois les carrés magiques, en tant que tels, n'ont sans doute pas beaucoup d'utilité (en dehors de leur aspect ludique, les carrés magiques ont été surtout utilisés comme des talismans).

On peut citer un autre type de problèmes gratuits qui pourtant, à l'origine, sont nés de besoins plus ou moins utilitaires, comme le suivant qui a l'air tout à fait anodin : on demande de trouver un nombre d'objets qu'on ne connaît pas, sachant que si l'on compte ceux-ci par 3, au bout du compte il en reste 2, si on les compte par 5, quand on a fini de compter il en reste 3 et si on les compte par 7, quand on a fini de compter il en reste 2. Voilà un problème typique de théorie des nombres, problème intéressant parce qu'il possède une infinité de solutions. Ce célèbre problème des restes chinois qu'on attribue à Sunzi, mathématicien chinois des Ve-VIe siècles de notre ère, serait le plus ancien de sa catégorie. Ce type de question semble s'être posé très tôt aux astronomes-calendéristes chinois qui cherchaient des repères temporels liés à des périodes de révolution naturelles (le jour, l'année, le mois, le cycle de Jupiter) ou artificielles (comme le cycle sexagésimal typiquement chinois). Dans la notation des congruences, le problème de Sunzi consiste à chercher un entier x tel que $x \equiv 2 \pmod 3$, $x \equiv 2 \pmod 5$ et $x \equiv 2 \pmod 7$; il a pour solution $x \equiv 23 \pmod{105}$ (c'est-à-dire que x est égal à 23 augmenté ou diminué d'un multiple quelconque de 105).

En Europe, lorsque de grands mathématiciens comme Euler se sont intéressés à ce genre de problème, ils l'ont parfois fait à partir de lectures qu'ils avaient faites de petits livres populaires de récréations mathématiques. (Voir dans les œuvres d'Euler les *Commentarii Academiae Scientiarum Metropolitanae* pour l'année 1740.) Il n'est pas du tout inconcevable que certains de ces problèmes dont ils s'occupaient aient eu une origine chinoise : le problème des restes que nous venons d'évoquer apparaît pour la première fois, au VIe siècle, en Chine, et on le retrouve partout par la suite, aussi bien en Inde qu'en Europe au cours du Moyen Age. On rencontre le théorème des restes (avec des valeurs numériques différentes de celles de Sunzi) chez Brahmagupta (VIIe siècle), Mahariva (IXe siècle), Léonard de Pise (vers 1180-1250), Bachet de Méziriac (né en 1581), Euler (1707-1783), Gauss (1777-1855), etc.

ÉMILE NOËL Là, on est en présence de jeux de l'esprit qui finissent par déboucher sur des algorithmes assez sophistiqués, puisqu'ils nous mènent à la théorie des nombres. Mais n'y a-t-il pas, de la part des mathématiciens chinois, des originalités particulières, notamment des types de raisonnements qui leur soient spécifiques ?

J.-C. MARTZLOFF Il est vrai qu'on peut mettre en évidence chez les Chinois des types de raisonnements qui leur sont, sinon particuliers, du moins qu'ils affectionnent particulièrement, notamment en géométrie. Contrairement à ce que faisaient les Grecs, les Chinois n'hésitent pas à introduire des calculs dans les raisonnements : pour eux, il n'y avait pas de barrière entre arithmétique et géométrie. Plutôt que d'élaborer des théories, ils préféraient s'appuyer sur des procédés heuristiques. Il existe des principes efficaces dans les mathématiques chinoises. Par exemple, il en existe un que les Chinois appellent « *principe de rapiéçage pour les figures géométriques* ». Ce principe énonce que, étant donné une figure géométrique, on peut toujours la fragmenter en plusieurs morceaux et que, si on dispose des morceaux autrement qu'ils étaient au départ sans les faire se chevaucher, alors, on obtient une nouvelle figure qui a toujours la même superficie que la première. Ce principe tient du puzzle. Pour donner un exemple tout à fait simple, quand on demande de calculer la surface du parallélogramme, on voit bien comment les Chinois pouvaient procéder en découpant ce parallélogramme en deux morceaux, de manière à faire apparaître un trapèze et un petit triangle, et comment ils pouvaient recoller le petit triangle à l'autre morceau de façon à faire apparaître un rectangle, ramenant ainsi le problème du calcul de la surface du parallélogramme à celui de la surface du rectangle. Il est vrai que cet exemple n'a rien de particulièrement chinois, mais il n'en reste pas moins que ce « principe de rapiéçage » est bien dans l'esprit de la culture chinoise : pensons, par exemple, au jeu de *tangram* qui est un puzzle chinois très répandu. Ce jeu de tangram, c'est un petit carré qui est subdivisé en sept fragments. En réassemblant ces sept fragments de manière astucieuse, on arrive à fabriquer des centaines de figures très différentes. Au fond, quand les Chinois s'attaquaient à un problème de géométrie, ils le faisaient souvent en le considérant comme un puzzle. Mais leur principe de rapiéçage ne s'applique pas qu'en géométrie. Prenons par exemple, le problème suivant : calculer la somme des nombres de 1 à 100. Pour le résoudre, on pourrait se contenter de faire l'addition. Mais, évidemment, ce n'est pas là le procédé que choisit le mathématicien chinois qui conçoit ce problème de la manière suivante : le nombre 1, pour lui, c'est la profondeur de la marche du haut d'un certain escalier, le 2, c'est la profondeur cumulée des deux premières marches et ainsi de suite. Il prend ensuite deux exemplaires de cet escalier et les met tête-bêche de façon à les emboîter l'un dans l'autre, sans les faire se recouvrir. Il obtient ainsi un rectangle qui a pour hauteur 100, pour longueur 101, et il conclut que deux fois la somme cherchée, c'est la même chose que la sur-

Diverses figures géométriques réalisables, avec 7 fragments initialement disposés en carrés en haut à gauche (Jeu de Tangram).

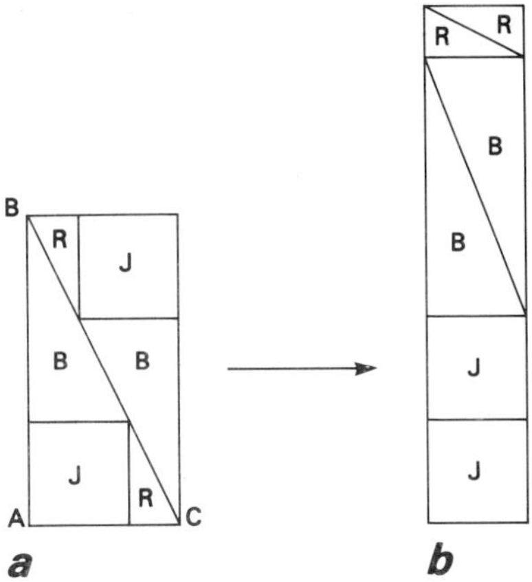

Calcul du côté du carré inscrit dans un triangle rectangle (Liu Hui, IIIe siècle de notre ère) : assemblant comme en (b) les pièces correspondant à deux exemplaires du triangle rectangle initial (a), on forme un rectangle de longueur AB + AC et d'aire S. Comme l'aire totale de toutes ces pièces n'a pas changé en passant de (a) à (b) et qu'au départ S = AB × AC, on trouve que le côté du carré est égal à (AB × AC)/(AB + AC). Nous avons noté J, R, B ces pièces car Liu Hui utilise des figures colorées en jaune, rouge et bleu.

face du rectangle et que, par conséquent, la somme cherchée vaut 100 fois 101 divisé par 2. Il ne s'agit là que d'un exemple, mais on peut trouver des applications plus complexes. Pour prouver la justesse de la formule donnant la somme des carrés des *n* premiers nombres entiers, Yang Hui (XIIIe siècle) procédait par assemblage de volumes, à la manière de E. Lucas dans ses récréations mathématiques de la fin du XIXe siècle.

Je voudrais vous citer encore un autre principe chinois qui est tout à fait intéressant parce qu'en Europe on l'appelle « *principe de Cavalieri* », du nom du mathématicien italien du XVIIe siècle qui l'aurait soi-disant énoncé le premier, mais qui fut en fait formulé un millénaire plus tôt en Chine. Ce principe met en œuvre l'idée suivante : tout solide se compose de tranches très fines empilées les unes sur les autres, un peu comme le sont les feuilles d'un livre. Si deux solides de même hauteur se composent à toutes les hauteurs de tranches de même superficie, quelle que soit par ailleurs la forme de ces tranches, on peut conclure que ces deux solides ont exactement le même volume. Les Chinois ont utilisé ce principe pour calculer le volume de la sphère, selon une méthode différente de celle d'Archimède. Ils ont ainsi obtenu, au Ve siècle, une valeur très précise de Pi, à savoir, la valeur 355/113, valeur qu'en Europe on attribue habituellement à un mathématicien du XVIe siècle, Adrien Métius.

ÉMILE NOËL On vient de voir que les Chinois sont des géomètres concrets puisqu'ils s'intéressent à des objets qu'ils manipulent, ce sont des manipulateurs de puzzles tout à fait habiles. Par ailleurs, ils ont établi un lien étroit et facile, entre calcul arithmétique et géométrie : ils arrivent à trouver des nombres précis comme la valeur Pi, par exemple. Mais, est-ce qu'à l'époque, la grande période, aux XIIe-XIIIe siècles, il y avait des calculs ou des raisonnements qui ressemblaient à ce que nous appelons maintenant l'algèbre?

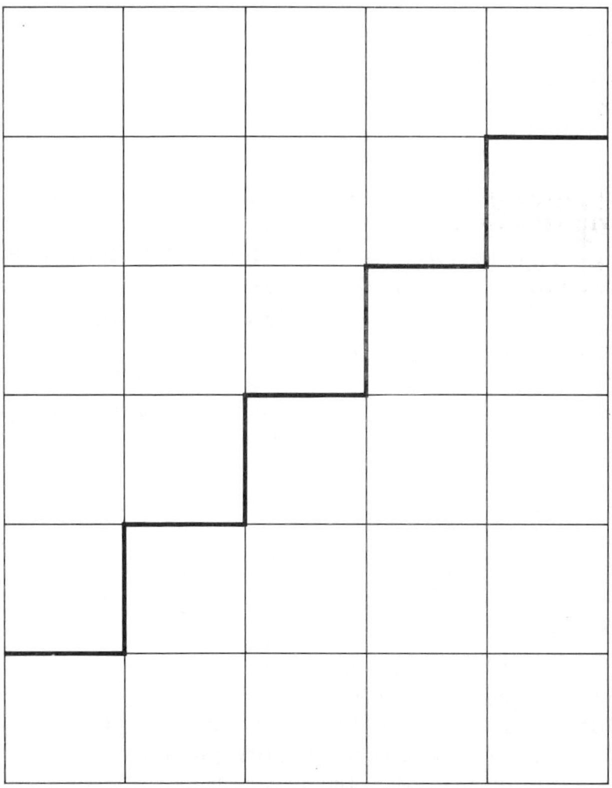

2 exemplaires accolés d'un « escalier » de 5 marches, permettant de visualiser la somme $S = 1 + 2 + 3 + 4 + 5.(2\,S = 6 \times 5)$.

J.-C. MARTZLOFF On peut l'affirmer tout au moins si on donne au mot « algèbre » un sens très large, à savoir, l'art de poser et de résoudre des « équations ». La caractéristique concrète, c'est-à-dire manipulatoire que la géométrie chinoise avait, on la retrouve aussi en algèbre. Il existe d'ailleurs des traces de cela dans la langue chinoise moderne, puisque *tuisuan* qui signifie « calculer » en chinois moderne signifie étymologiquement « pousser des baguettes » (*tui* = pousser, *suan* = baguette à calculer). Cela veut dire que, pour les Chinois, l'algèbre c'était avant tout la manipulation de certaines baguettes. Quand on pense à cette algèbre chinoise, il y a plusieurs choses qui frappent. D'abord, la virtuosité calculatoire qui est à proprement parler inouïe et que l'on peut rapprocher du fait que, très tôt, les Chinois en sont arrivés à la connaissance des nombres décimaux, à une époque où l'Europe ne l'avait pas. Au XIIIe siècle, on les voit manipuler des nombres ayant jusqu'à 10, 20 chiffres après la virgule et faire des multiplications, des extractions de racines carrées, cubiques, etc. sans difficulté. A cette époque Ch'in Chiu-shao a introduit un système de notation pour les nombres décimaux très proches de celui que nous utilisons aujourd'hui et qui remonte à Stevin (1543-1620).

Il faut aussi noter que les Chinois ont eu connaissance des nombres négatifs dès le début de l'ère chrétienne. Cela est tout à fait étonnant, surtout quand on pense à ce qui s'est passé en Europe : très tard, de grands mathématiciens ont continué d'affirmer que les nombres négatifs étaient fictifs, absurdes, impossibles et ils ont fait tous les efforts possibles pour essayer de démontrer que ceux-ci n'existaient pas et qu'il fallait trouver un moyen de les éliminer. La lecture de l'article consacré aux nombres négatifs dans l'*Encyclopédie* de Diderot et d'Alembert est à ce sujet instructive!

Les Chinois ont une attitude très différente : très tôt, ils ont dégagé les règles d'addition, de multiplication et de soustraction de ces nombres et les ont appliquées librement. Pour eux, ces nombres étaient tout à fait concrets : il s'agissait de baguettes, rouges pour les nombres positifs, et noires pour les négatifs. On peut se demander pourquoi les nombres négatifs sont apparus en Chine bien plus tôt que dans d'autres civilisations; cette question n'est pas très simple. On peut donner plusieurs types d'explications. On peut dire, par exemple, que pour des gens qui étaient bons calculateurs, tout ce qui réussissait était acceptable, sans qu'on ait besoin de se soucier de théories construites *a priori*. Mais il y a peut-être une raison plus profonde, sans doute liée aux conceptions philosophiques chinoises. Pour eux, tout ce qui existe dans l'Univers est constamment animé par des couples de forces opposées, en proportions variables, et ces forces réagissent constamment les unes sur les autres : c'est ce qu'on appelle la « théorie » du *yin* et du *yang*. Et les nombres, exactement comme tout ce qui existe dans l'Univers sont eux aussi animés par ces couples de forces opposées, force positive, *yang* — force négative, *yin*. Il était donc pour ainsi dire « naturel », pour les Chinois, d'accepter ces nombres.

On peut se demander aussi comment ils matérialisent les équations. Pour nous, une équation, c'est une suite de symboles qu'on note sur une feuille et qu'on résout en faisant des calculs par écrit. Pour les Chinois, c'était d'abord *une configuration de baguettes à manipuler*. Les Chinois commençaient par extraire la substance abstraite de leurs problèmes concrets pour la reformuler sur un échiquier; et ils se servaient à cet effet de baguettes spéciales ayant la valeur d'inconnues, et affectaient à ces baguettes des positions particulières d'un échiquier. Ayant reformulé ainsi leurs problèmes, ils avaient sous les yeux une configuration qu'il suffisait de manipuler selon des règles complexes, dans le détail desquelles il n'est pas question d'entrer ici, mais qui menaient mécaniquement à l'équation finale permettant de résoudre le problème initial. Comment se présentait cet échiquier? On peut imaginer un échiquier indéfini dans lequel on choisit une case de référence réservée aux nombres « purs » (les constantes). On peut aussi imaginer, comme les Chinois l'ont fait, qu'une baguette unique placée sous cette case de référence symbolise une inconnue, puis, placée sur la case immédiatement inférieure, le carré de cette même inconnue, encore audessous, le cube de cette inconnue, et ainsi de suite. A gauche de la case de référence, on peut imaginer que, de la même façon, on dispose une baguette représentant les puissances d'une deuxième inconnue et, à droite de la case de référence, les puissances successives d'une troisième inconnue. Voilà donc comment les calculs étaient matérialisés sur une surface sur laquelle on effectuait des manipulations : exactement comme nous l'avons déjà constaté en géométrie, les Chinois avaient une conception manipulatoire de l'algèbre et c'est bien cela qui constitue leur originalité.

Il faut remarquer que ces techniques algébriques chinoises ont été transmises au Japon et qu'au XVIIe siècle les Japonais ont développé les techniques chinoises du XIIIe siècle, réussissant même à résoudre certains problèmes avant que les Européens eux-mêmes n'en trouvent la solution. Sans entrer dans les détails, ces techniques illustrent bien la force motrice, la capacité créatrice des mathématiques chinoises.

ÉMILE NOËL Simplement pour les curieux qui sont assez ferrés en mathématiques, est-ce que vous pouvez nous donner un exemple où les Japonais auraient précédé les Occidentaux ?

J.-C. MARTZLOFF Par exemple : le mathématicien japonais Seki Takakazu (1642-1708) a inventé les déterminants à peu près à la même époque que Leibnitz ainsi que les nombres de Bernouilli avant que celui-ci ne les trouve.

ÉMILE NOËL Je prends note que les mathématiques chinoises étaient habiles, dynamiques, riches en capacités, réalisant, avec leur génie propre, des découvertes avant l'Occident. Alors comment se fait-il qu'après le XIIIe siècle ces mathématiques brillantes vont connaître le déclin ?

J.-C. MARTZLOFF Les mathématiques chinoises ont connu une période de déclin extraordinaire après le XIIIe siècle. Pour expliquer pourquoi, on peut, d'une part, chercher des raisons internes aux mathématiques et, d'autre part, des raisons exter-

1		*		~~1~~
		1		

Y^2	Y	*	Z	Z^2
XY^2	XY	X	XZ	XZ^2
X^2Y^2	X^2Y	X^2	X^2Z	X^2Z^2

Représentation sur l'échiquier du théorème de Pythagore (sous la forme $x^2 + y^2 - z^2 = 0$). Selon l'habitude chinoise, l'une des baguettes a été barrée pour indiquer qu'elle doit être prise négativement. D'après Chu Shih-chieh (XIIIe siècle).

nes qui tiendraient à la société dans laquelle ces mathématiques se sont développées.

Nous avons vu que les Chinois ont développé une conception, concrète, *manipulatoire,* des mathématiques. C'était initialement une force, parce que cela leur a permis dans une certaine mesure de dégager certains problèmes des situations de la vie de tous les jours, sans se noyer dans de longs raisonnements, mais c'était aussi une faiblesse, car les calculs, les états intermédiaires (arithmétiques, mais aussi géométriques) disparaissaient au fur et à mesure des manipulations et il était presque impossible d'en garder la trace par écrit. On a aussi l'impression que, à chaque fois qu'une découverte a été faite en Chine, elle n'a pas servi de base pour aller plus loin, qu'il fallait tout recommencer à partir de zéro à chaque fois, ou presque. Une autre explication serait que les philosophes chinois, mathématiciens ou non, se sont très peu penchés sur la logique. Là aussi, la différence avec l'Occident est frappante. Qui plus est, alors qu'en Occident les mathématiques ont toujours évolué vers la simplification du réel, les Chinois, au contraire, ont toujours essayé de prendre en compte tous les détails dans leurs calculs, sans jamais essayer de simplifier quoi que ce soit, si bien que ce qui pouvait être intéressant dans un problème restait noyé dans une foule de détails concrets. Ici, nous pensons surtout à la façon dont les équations du 3ᵉ degré se présentent dans les textes de Wang Xiaotong (VIIᵉ siècle) à une époque où les techniques manipulatoires sur l'échiquier n'étaient pas encore dégagées.

Ce n'est cependant là qu'un aspect du problème. On peut aussi se demander quelle fut la place des mathématiques dans la société chinoise. A cet égard, on doit souligner qu'en Chine, les mathématiques ont toujours été situées au bas de l'échelle de ce que l'on valorisait. Même si on considérait les mathématiques comme des actes de virtuosité, à mettre sur le même plan que le tir à l'arc et autres activités sportives, celles-ci devaient obligatoirement déboucher sur des applications pratiques. Dans les examens de mathématiques, on ne demandait pas particulièrement de réfléchir : tout ce qui était exigé, c'était de connaître les manœuvres opératoires; on ne demandait pas aux élèves d'en démonter les mécanismes.

Un moteur possible des mathématiques aurait pu être l'astronomie parce qu'en Chine, on pensait que les événements célestes avaient des rapports directs avec les événements politiques et, à cause de cela, on attachait une importance considéra-

Repérage et altimétrie en Chine (tiré du *Thu Shu Chi Chhêng*).

ble à la prévision d'événements comme les éclipses, les conjonctions de planètes, et à l'observation des taches solaires, des comètes, des novae, etc. En conséquence, on observait le ciel, et on soumettait les observations faites à des calculs. Ces calculs auraient-ils pu déboucher sur des mathématiques intéressantes? *A priori* oui, mais il y avait une cause de blocage extraordinaire en ce sens que cette astronomie astrologique a toujours été considérée comme un secret d'État. A part les quelques rares spécialistes qui en avaient la prérogative, personne n'avait le droit de l'étudier. Dans ces conditions, on imagine bien qu'il était difficile que les mathématiques se développent, si bien qu'après le XIIIe siècle les mathématiques en Chine se sont limitées aux calculs commerciaux et rien de plus. Il y avait malgré tout une potentialité et cette potentialité, les Japonais l'ont exploitée : ils n'avaient pas du tout la même tendance que les Chinois à tout considérer en fonction de l'utilité pratique. Les amateurs japonais cultivaient les mathématiques par plaisir et mettaient même un point d'honneur à ce que leurs problèmes n'aient pas d'applications pratiques. Ils appréciaient l'art pour l'art. Mais, en Chine, l'art pour l'art avait peu de place en sciences.

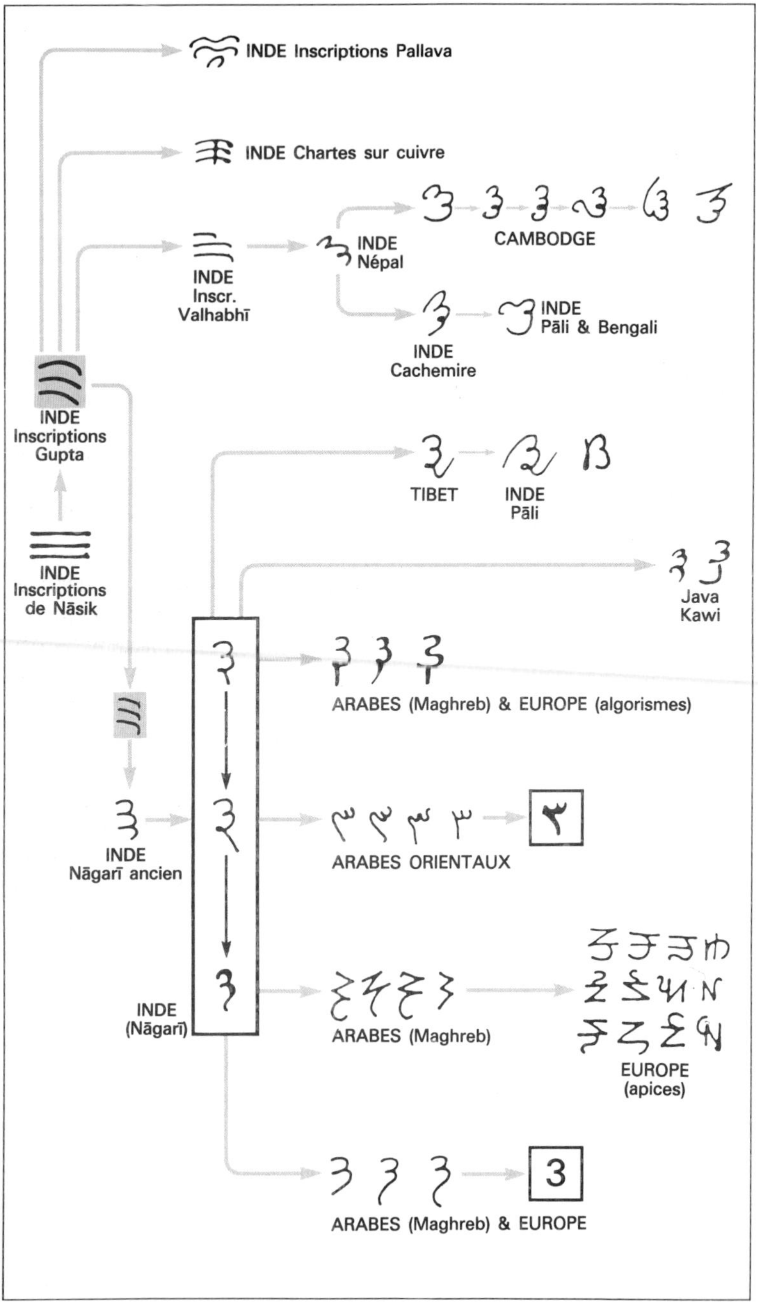

Origine et évolution du chiffre 3.

X
L'Inde

Guy Mazars

ÉMILE NOËL La réputation de la Chine en matière de mathématique et d'astronomie nous est assez bien connue; en revanche, il me semble que l'Occident soit relativement ignorant des mathématiques indiennes?

GUY MAZARS Effectivement, nous savons peu de choses sur les mathématiques indiennes. Il y a plusieurs raisons à cela. La principale est sans doute que les historiens des sciences ont longtemps pensé que la science indienne manquait d'originalité, et qu'elle était fondée sur des emprunts à la Grèce, puis sur des emprunts à la science arabe. Quant aux spécialistes de l'Inde, ils s'intéressaient surtout aux aspects culturels, aux religions, aux philosophies de l'Inde, et ont contribué à accréditer dans le grand public l'idée selon laquelle l'Inde ne serait après tout qu'une nation de philosophes, de grammairiens et de contemplatifs. Bref, l'Inde aurait été grande par ses philosophies et ses religions bien plus que par sa science. La réalité est tout autre, car les recherches les plus récentes dans le domaine de l'histoire des sciences et des techniques de l'Inde montrent qu'elles étaient plus développées qu'on ne le pensait jusqu'ici.

ÉMILE NOËL A quand remontent par exemple les plus anciennes données? Quelles traces nous sont parvenues qui permettent, à la fois, de connaître le contenu et de situer l'histoire de ces mathématiques?

GUY MAZARS Les premiers éléments d'une histoire des mathématiques en Inde nous sont fournis par les *Veda*. Ce sont ces recueils, ces collections d'hymnes, de chants liturgiques, de formules sacrificielles, dont les plus anciens morceaux pourraient remonter aux alentours de 1500 avant notre ère. Les connaissances attestées dans cette littérature védique ont un caractère élémentaire, pragmatique : ce sont essentiellement des éléments de géométrie servant à la construction des édifices nécessaires au rituel védique.

ÉMILE NOËL Est-ce qu'on a d'autres sources, sources écrites notamment, qui renseignent sur cette géométrie, qui permettent des comparaisons, par exemple avec la géométrie grecque des mêmes époques, c'est-à-dire quelques siècles avant notre ère?

GUY MAZARS Bien sûr. Cette géométrie pratique est développée dans des textes appelés en sanskrit les *śulvasûtra,* littéralement les « *traités du cordeau* », dont la date est mal fixée. On en situe généralement les compilations entre le VIIIe et le IVe siècle avant Jésus-Christ, mais ils pourraient être un peu plus récents. Le plus ancien de ces *śulvasûtra,* celui attribué à un certain Baudhâyana, énonce le théorème dit « de Pythagore » en ces termes : « La corde transversale d'un rectangle produit (par élévation au carré) ce que produisent séparément la longueur et la largeur ». Autrement dit, d'après ce texte, le carré de la diagonale d'un rectangle est égal à la somme des carrés de la longueur et de la largeur. Baudhâyana donne même une valeur approchée de la racine carrée de 2, correcte jusqu'à la cin-

Chukkrum ou planche à compter.

quième décimale. Il nous renseigne aussi sur la construction de polygones simples, par exemple : carré, rectangle, triangle. Il fournit aussi différentes méthodes de transformation d'une figure géométrique donnée en une autre figure géométrique. Par exemple : transformation d'un carré en rectangle. Les *śulvasûtra* connaissent aussi le fameux problème de la quadrature du cercle. Pour obtenir un carré de même aire qu'un cercle donné, il est prescrit de diviser le diamètre du cercle en 15 parties et d'en prendre 13 comme côté du carré cherché. Ces textes nous renseignent également sur les instruments utilisés par les géomètres : cordes de différentes longueurs, règles et compas de bambou, ou alors morceaux de bois taillés qui servaient à délimiter, à tracer des traits sur le sol. Mais cette géométrie n'a guère évolué après l'époque des *śulvasûtra* et, de nature intuitive, elle est restée fondée sur des règles empiriques, contrairement à celle des Grecs.

ÉMILE NOËL Si je vous entends bien, il n'y a pas d'originalité particulière chez les Indiens. Est-ce qu'il existe des domaines, en dehors de cette géométrie pratique, où les Indiens se seraient illustrés en faisant preuve, à la fois, d'originalité et de brillant ?

GUY MAZARS Ce sont surtout dans les domaines de l'arithmétique, de l'algèbre et aussi de la trigonométrie que les mathématiciens de l'Inde ancienne se sont particulièrement illustrés en parvenant assez tôt à des résultats étonnamment proches de nos conceptions. Leurs connaissances dans ces domaines se montrent d'emblée assez élevées dans des traités d'astronomie savante de l'époque classique, qui ne nous renseignent malheureusement pas sur les phases successives de l'établissement des connaissances qu'ils attestent. Ainsi, il est très difficile pour l'historien des mathématiques en Inde de pouvoir affirmer que l'Inde a emprunté ou n'a pas emprunté à une autre civilisation des éléments de ses mathématiques, car les textes qui auraient pu nous renseigner sur cette période d'élaboration font défaut. Disons qu'en Inde on a longtemps utilisé — jusqu'au Vᵉ siècle de notre ère — le méridien d'Alexandrie dans la plupart des calculs astronomiques. A partir du VIᵉ siècle, c'est le méridien d'une ville indienne qui va être pris pour tous ces calculs. Alors, le premier en date de ces traités d'astronomie savante dont je viens de parler, le premier en date de tous les traités parvenus jusqu'à nous est celui d'un savant indien resté célèbre : Âryabhata. L'œuvre de ce savant remonte au début du VIᵉ siècle. Il serait né, d'après son affirmation même, en l'an 476 et les observations astronomiques réelles sur lesquelles repose le canon astronomique qu'il a mis au point, ces observations pourraient remonter à la période d'environ 500 de notre ère. A cette époque, il faut préciser que les mathématiques étaient une science en honneur dans la capitale des Gupta. Au début de son ouvrage sur les mathématiques, Âryabhaṭa nous dit lui-même qu'il ne fait que décrire dans le texte « la science très honorée à Kusumapura » qui était précisément la capitale des Gupta.

ÉMILE NOËL Apparemment, les mathématiques en Inde ne sont pas une science anonyme. Elles se trouvent être personnalisées par des noms.

GUY MAZARS Il y a de nombreux noms. J'ai cité celui d'Âryabhaṭa, mais Âryabhaṭa lui-même a fait école. Il a fait école particulièrement dans l'actuel État du Kerala, dans le Sud de l'Inde, et toute l'astronomie indienne, pendant les siècles et les siècles qui ont suivi, a reposé entre autres sur le canon d'Âryabhaṭa. D'autres noms célèbres sont restés dans l'histoire des mathématiques indiennes. Je pense à Brahmagupta, commentateur d'Âryabhaṭa et à Bhâskara, auteurs sur lesquels nous reviendrons.

ÉMILE NOËL Reprenons discipline par discipline. Vous avez affirmé que les Indiens se sont particulièrement illustrés en matière d'arithmétique, d'algèbre et de trigonométrie. Commençons par l'arithmétique et par le système de numération.

GUY MAZARS Tout un chapitre du traité d'Âryabhaṭa, le deuxième chapitre, celui consacré au calcul qu'il appelle *ganita* (nom sanskrit qui a été celui des mathématiques par la suite) est consacré en totalité à l'arithmétique et à l'algèbre. En ce qui concerne l'arithmétique, rappelons tout d'abord que c'est à l'Inde que nous devons la numération décimale de position, c'est-à-dire le système de notation numérique à neuf chiffres, plus le zéro et la valeur de position. Bien sûr, on dit *« les chiffres arabes »*, mais en réalité ils sont d'origine indienne. Ce système de notation numérique était connu d'Âryabhaṭa dès le début du VIe siècle. Le même auteur s'est aussi servi, mais alors pour la construction de tables numériques, d'un étonnant procédé de notation au moyen de l'alphabet sanskrit, dans lequel les nombres symbolisés par les consonnes sont à multiplier par les puissances de 100 que représentent les voyelles, cela donne une façon de remplacer des nombres très élevés par des syllabes. Il faut aussi souligner l'intérêt que les Indiens ont manifesté très tôt pour les opérations sur les grands nombres. Alors que les Grecs, vous le savez, n'ont pas de noms spéciaux pour les grands nombres au-delà de la myriade, c'est-à-dire de 10^4, les plus anciens textes sanskrits attestent l'usage de désignations spéciales pour les décuples de 10 jusqu'à la puissance 12.

ÉMILE NOËL Ce qui représente de très grands nombres. Est-ce qu'il n'y a pas d'autres notions relatives aux grands nombres, à l'infini, aux incommensurables, etc. ?

GUY MAZARS Je pense en particulier, à ce propos, à un ancien texte bouddhiste, le *Lalitâ-Vistara,* qui nous fait connaître une nomenclature dont le dernier terme représente

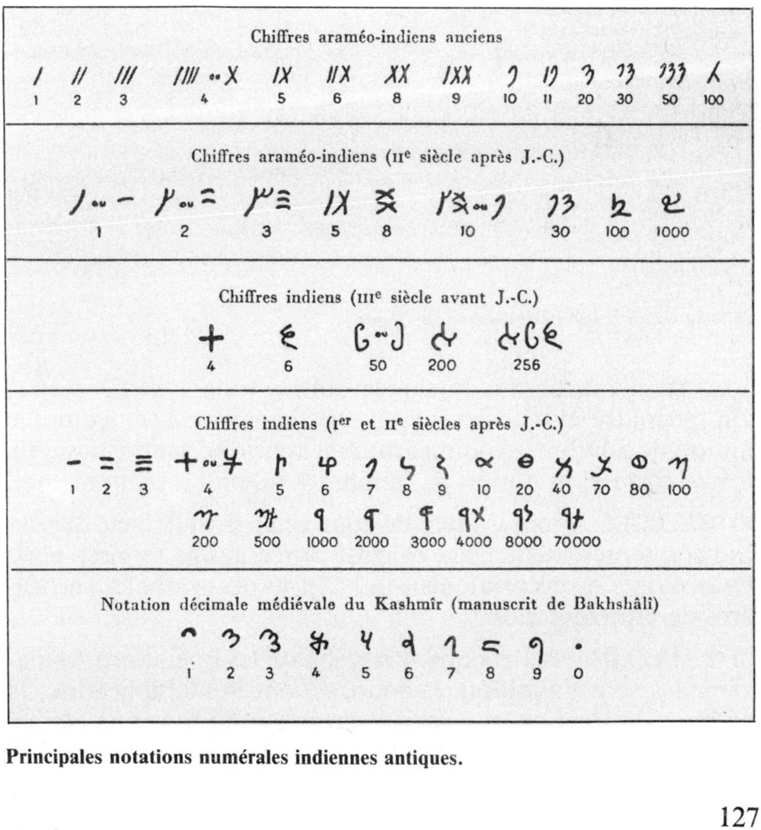

Principales notations numérales indiennes antiques.

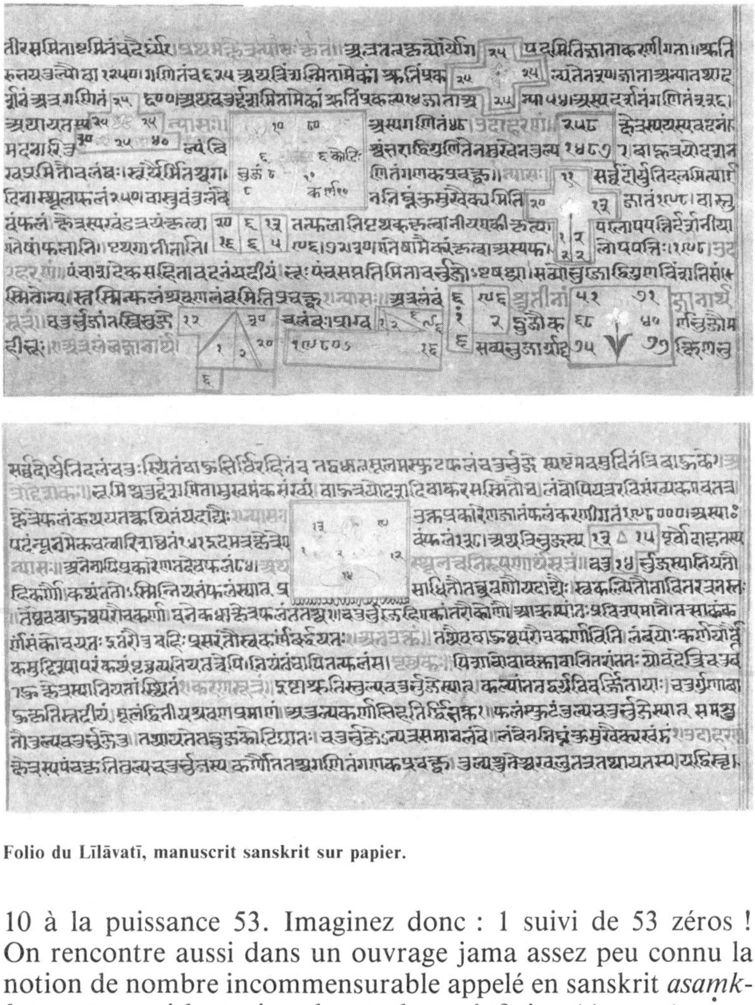

Folio du Līlāvatī, manuscrit sanskrit sur papier.

10 à la puissance 53. Imaginez donc : 1 suivi de 53 zéros ! On rencontre aussi dans un ouvrage jama assez peu connu la notion de nombre incommensurable appelé en sanskrit *asaṃkhyeya* et aussi la notion de nombre « infini » *(Ananta).*

ÉMILE NOËL Pour traiter de tout cela, il faut bien que les Indiens représentent leurs calculs? En d'autres termes, quels types d'opérations pratiquent-ils? Ont-ils des symboles particuliers de représentation?

GUY MAZARS A l'époque d'Âryabhaṭa les opérations fondamentales sont l'addition, la soustraction, la multiplication, la division, l'élévation au carré, l'extraction de la racine carrée, l'élévation au cube et l'extraction de la racine cubique.

ÉMILE NOËL Cela fait huit opérations.

GUY MAZARS Oui, et pour extraire les racines carrées et les racines cubiques, Âryabhaṭa utilise la méthode aujourd'hui courante, suivant laquelle il faut partager le nombre sur lequel on opère en tranches de deux ou trois chiffres. Vous m'interrogez aussi sur les symboles : dès cette époque, le VIe siècle, divers symboles, lettres ou signes ont été utilisés par les mathématiciens indiens pour leurs différentes opérations. Ainsi, pour la soustraction, une petite croix, c'est-à-dire notre signe +, ou bien un petit cercle placé à droite du nombre à soustraire servaient à noter leurs soustractions. J'ajouterai que l'usage de la barre de fraction est attesté dans les plus anciens textes de mathématiques sanskrits. Pour l'addition et la soustraction des fractions, Brahmagupta, au VIIe siècle, suggère la réduction au même dénominateur.

ÉMILE NOËL Pour manipuler de grands nombres, est-ce que les Indiens avaient quelque chose qui pourrait ressembler à nos logarithmes, des moyens de simplifier certains calculs?

GUY MAZARS Il y a un peu de cela chez des auteurs jaïna des premiers siècles de notre ère. On retrouve dans les textes que nous ont laissés ces auteurs la notion même de logarithmes en base 2, 3 ou 4, auxquels ont été donnés des noms spéciaux en sanskrit. Je peux vous donner deux ou trois exemples : pour les logarithmes en base 2, *ardhaccheda :* pour les logarithmes en base 3, *trkaccheda;* pour les logarithmes en base 4, *caturthaccheda.* Il semblerait même, d'après les commentaires que nous a laissés un certain Vîrasena, que les règles permettant de calculer les logarithmes d'une fraction ou d'un produit leur étaient connues. Mais nous n'en trouvons pas, par la suite, une étude systématique.

ÉMILE NOËL Ils ont inventé le système décimal, mais curieusement, les logarithmes en base 10 n'ont pas été pratiqués?

GUY MAZARS Eh bien non! Du moins pas à ma connaissance.

ÉMILE NOËL En Occident, actuellement il y a des domaines, des disciplines assez bien définis. Il y a ce qui relève de l'arithmétique, de l'algèbre, etc. Or les histoires des mathématiques réunissent quelquefois tout cela dans « l'histoire du calcul ». Est-ce qu'en Inde, on catégorise aussi ou, au contraire, est-ce qu'on considère plutôt ces disciplines comme deux formes d'un même dispositif, d'une même démarche de calcul?

GUY MAZARS L'arithmétique et l'algèbre sont recouvertes en Inde par le terme *gaṇita,* que je vous ai déjà cité, et ce terme désigne tout simplement le calcul. Parfois, dans certains textes, une distinction est faite entre le calcul appliqué aux surfaces — on parle alors de *ksetragaṇita* — et le calcul appliqué à la sphère — on parle alors de *golagaṇita.* Mais le terme *ganita* est resté, du moins jusqu'au VIIe siècle, pour désigner ces deux branches des mathématiques. En algèbre, Âryabhata va jusqu'à résoudre deux équations simultanées indéterminées du premier degré. Il sait aussi résoudre une équation du second degré suivant une technique identique à celle que nous utilisons. C'est avec Brahmagupta, dont j'ai déjà parlé et qui vivait au VIIe siècle, que l'algèbre devient une branche distincte des mathématiques indiennes. On la trouve désignée au IXe siècle sous le nom de *bijagaṇita,* le « calcul » *(gaṇita)* appliqué aux « inconnues » *(bija).* La langue algébrique se précise alors. Le calcul littéral apparaît chez Brahmagupta qui utilise un certain nombre de lettres pour représenter les inconnues et fait un usage habile des fractions et des nombres négatifs, arrivant ainsi à un stade que l'Occident mettra très longtemps à atteindre. En Europe, je vous rappelle qu'il faudra attendre Michael Stifel (1487-1567), Jacques Peletier du Mans (1517-1582) ou bien Jean Bourrel (1492-1572) au XVIe siècle pour que la technique de résolution des systèmes d'équations affines atteigne le niveau indien. Brahmagupta, au VIIe siècle, énonce une règle d'interpolation qui est un cas particulier de la formule générale d'interpolation de Newton.

ÉMILE NOËL Je note que, notamment en matière d'algèbre, les Indiens ont réalisé un certain nombre de démonstrations avec 10 ou 11 siècles d'avance sur l'Occident. Dans la troisième discipline, la trigonométrie et ses applications astronomiques à laquelle vous avez fait allusion au début, est-ce que les Indiens étaient aussi avancés et aussi brillants?

GUY MAZARS La trigonométrie s'est développée surtout pour les besoins de l'astronomie savante et on ne peut pas dissocier en Inde les calculs astronomiques du développement de cette trigonométrie. Je voudrais rappeler, et on l'oublie souvent, que ce sont les Indiens qui ont opéré le passage de la notion grecque de corde à celle de demi-corde et ce sont les Indiens qui ont

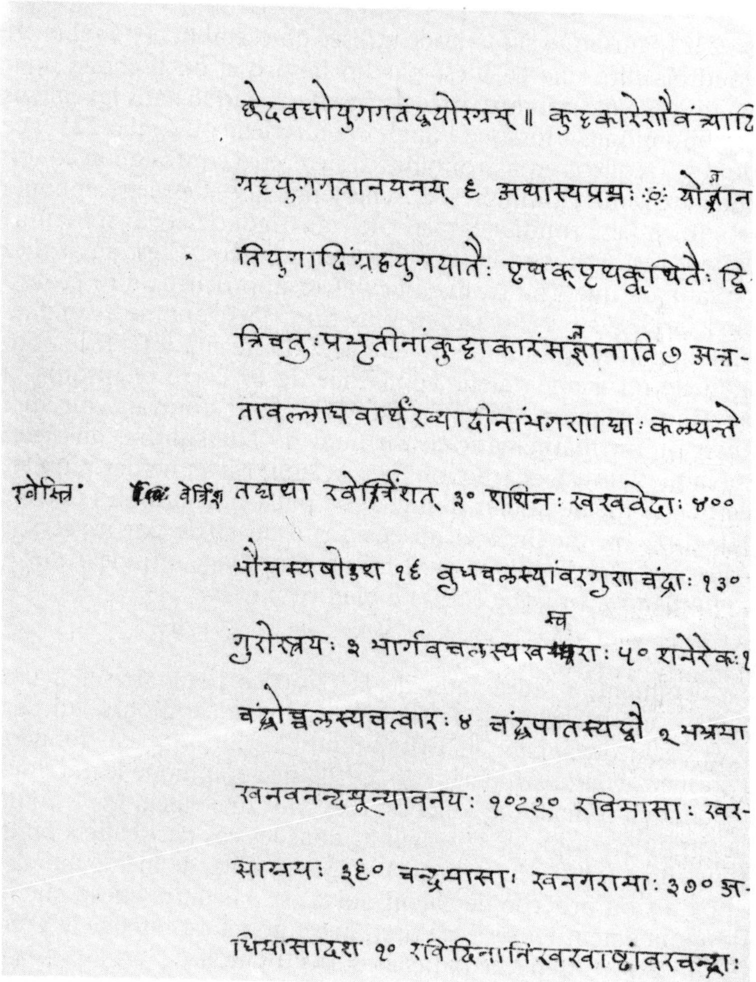

Folio 2 recto du manuscrit sanskrit 484.

donné un nom technique à cette demi-corde, nom qui est devenu notre sinus, par l'intermédiaire des traductions arabes, puis de l'arabe en latin. Ce sont des règles d'une trigonométrie sphérique déjà très élaborée que nous livre l'astronome Âryabhaṭa, dès le VIe siècle. Son traité contient non pas, comme on l'a cru longtemps, une table des sinus mais en réalité une table des différences de sinus en base 3438 calculées de 225′

en 225′, ainsi que la méthode utilisée pour établir cette table. Je voudrais dire que ce n'est pas un hasard si on a choisi pour unité 225′. Ce nombre offre un intérêt pratique dans les calculs astronomiques : lorsque l'angle est inférieur ou égal à 225′, ce qui est fréquent en astronomie, il peut être confondu avec son sinus exprimé en minutes. Il semblerait que, dès cette époque, les formules fondamentales de la trigonométrie sphérique étaient connues, en tout cas elles sont utilisées. C'est aussi chez Ârybhaṭa que l'on trouve une valeur approchée de Pi égale à environ 3,1416. Neuf siècles plus tard, l'astronome et mathématicien Mâdhava a abouti au calcul d'une circonférence pour laquelle on a une valeur approchée de Pi correcte jusqu'à la onzième décimale : Pi = 3,14159265359. Je pourrais vous dire aussi qu'un mathématicien du nom de Nilakantha, au siècle suivant, a utilisé la fraction 355/113 qui est l'une des réduites de Pi. Le même auteur donne aussi plusieurs formules pour le calcul de Pi, du sinus et du cosinus d'un angle par les séries. Ainsi des règles qu'il énonce dans son ouvrage intitulé *Tantrasaṃgraha* on tire une formule bien connue :

$$\pi/4 = 1 - 1/3 + 1/5 - 1/7 + 1/9 - \ldots$$

Évidemment, il aura fallu de la patience pour arriver à une valeur approchée satisfaisante. Mâdhava, toujours lui, au XVe siècle devançant le Britannique Taylor, qui en donnera l'énoncé général seulement au XVIIIe siècle, indique le développement en série d'une fonction $f(x)$ pour une valeur $(x + h)$ de la variable voisine de la valeur x, dans les cas particuliers où la fonction $f(x) = \sin x$ et $f(x) = \cos x$. Chez le même auteur, apparaît un procédé de calcul qui n'est pas autre chose que le développement en série de arc tan x auquel est attaché le nom de Gregory, un mathématicien du XVIIe siècle.

ÉMILE NOËL Évidemment, les formulations que vous venez d'utiliser font appel à un discours assez technique. Nous n'entrons pas ici dans les détails de ces démonstrations mais nous savons bien que la formulation que vous avez utilisée est une formulation moderne. Les Indiens, sans doute, formulaient les choses différemment. Cela nous laisse entrevoir, en tout cas, le niveau que les mathématiques indiennes avaient atteint il y a de nombreux siècles. Voilà qui nous renvoie à ce que vous disiez au début de cet entretien : on a eu tendance à sous-estimer l'apport des mathématiques indiennes aux mathématiques universelles.

GUY MAZARS J'aurais pu d'ailleurs multiplier les exemples, pour mieux convaincre. Les Indiens ont apporté beaucoup plus aux mathématiques que ce qu'on croyait jusqu'à ces 10 ou 20 dernières années. On n'a pas idée, dans le public, de la masse d'ouvrages, de manuscrits rédigés en sanskrit et d'autres langues de l'Inde, qui dorment dans dès bibliothèques en Inde. Ce sont des centaines et des centaines de documents qui attendent qu'on vienne les dépouiller d'abord, les étudier ensuite. On ne pourra valablement procéder à des études comparatives des mathématiques indiennes, arabes et grecques qu'à partir du moment où aura été effectué ce travail de dépouillement et d'investigation dans les textes sanskrits. Alors, ces mathématiques sanskrites, qui constituent une branche importante des études indiennes, il y aurait lieu de les étudier suivant des approches complémentaires. Il y aurait tout d'abord une approche que j'appellerai philologique et historique. Il est vrai que l'étude critique des sources écrites qui restent à notre disposition demeure, pour le spécialiste de l'histoire des sciences en Inde, une obligation primordiale. Je voudrais encore souligner ici l'abondance des sources manuscrites inédites en mathématiques, en astronomie, non seulement en sanskrit mais dans d'autres langues de l'Inde. Une seconde approche serait l'approche philosophique et épistémologique. Il importe en effet d'accorder une place notable à l'analyse des concepts, des modes de raisonnement et des processus qui ont conduit les savants indiens à un certain nombre de découvertes, parfois même des siècles avant les Européens. Mais il est indispensable pour cela de faire appel à nos connaissances scientifiques. C'est alors une troisième approche qui s'impose : l'approche scientifique. Enfin, il conviendrait d'étudier les conditions internes des actes de la découverte scientifique en Inde par une approche psychologique. Cette approche nous permettrait de mieux voir à quel point les conceptions scientifiques en Inde sont ancrées dans la culture et dans la pensée philosophique depuis les temps védiques. En effet, les plus anciens textes attestent une soif de rationalité qui pourrait expliquer l'émergence de la pensée scientifique dans l'Inde.

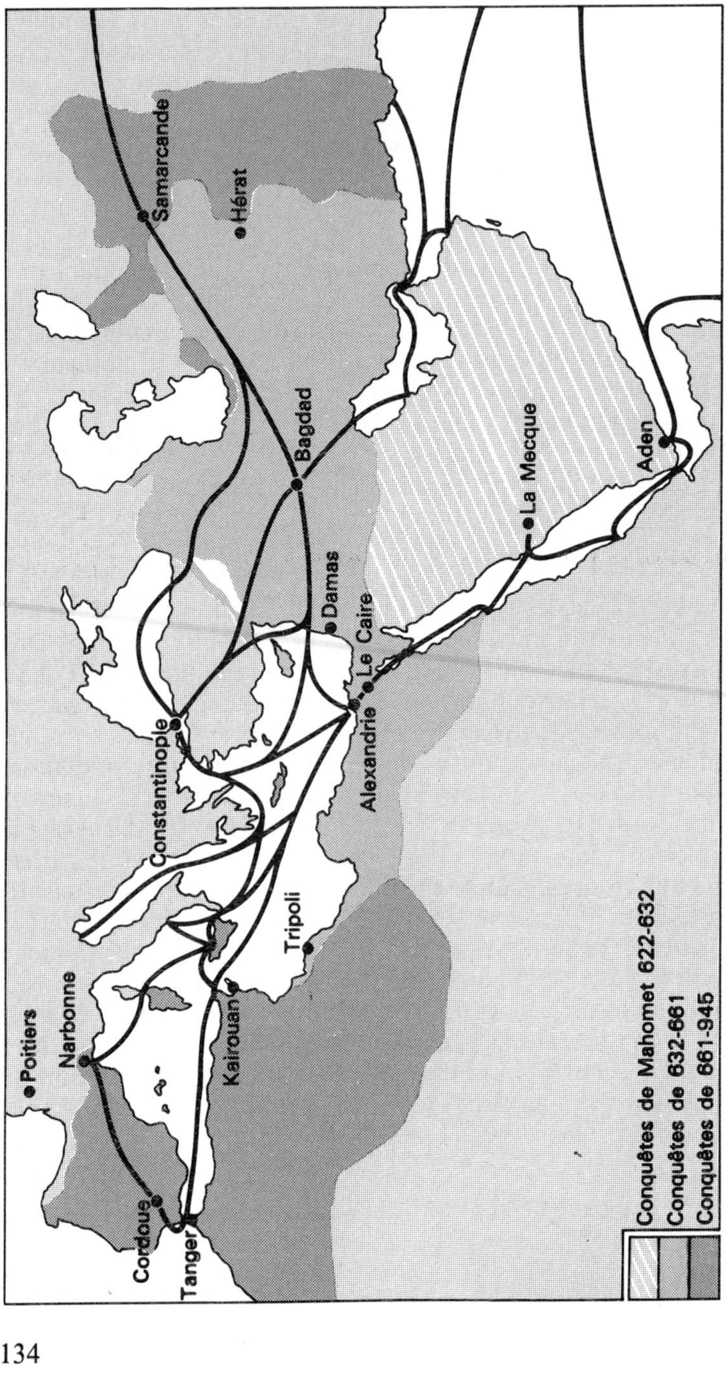

Carte de l'extension de l'Empire musulman du VIIe au XIIe siècle.

XI
D'Alexandrie à Bagdad

R. Rashed

ÉMILE NOËL Je ne sais pas si c'est absolument juste, mais il est communément admis que la culture grecque a transité par les savants arabes, la culture arabe, jusqu'au Moyen Age occidental. D'ailleurs vous-même dans ce premier entretien, consacré aux mathématiques arabes, vous proposez comme sous-titre : d'Alexandrie à Bagdad. Vous faites donc allusion à un transfert.

R. RASHED Il est vrai, en grande partie tout au moins, que les mathématiques grecques ont été connues en Europe au Moyen Age via la traduction arabe. Et, même jusqu'à nos jours, ces traductions arabes sont particulièrement importantes pour la connaissance des mathématiques grecques. Parfois même — nous en donnerons des exemples tout à l'heure — des textes de mathématiques grecs, perdus en grec, n'existent que dans leur traduction arabe. Mais le problème du transfert, ou plutôt du passage ou de la transmission, est souvent conçu selon un modèle contemporain, celui du transfert de la science; transfert à la fois géographique et culturel, au sens où l'on parle, de nos jours, du transfert de la science occidentale vers les pays du Tiers monde. Or, pour l'époque, cette définition n'est pas tout à fait exacte. Au VIIe siècle, qu'y avait-il exactement? La période alexandrine, c'est-à-dire la période active en mathématiques, était bien terminée; il n'y avait plus vraiment de mathématiciens de valeur, et les mathématiques étaient plus un vestige qu'une activité vivante. Ainsi par exemple, il y avait des manuscrits mathématiques dans des monastères ou dans des collections privées, mais ils étaient pour ainsi dire inertes. Mais ce qu'il faut remarquer, c'est que le transfert eut lieu pour ainsi dire du même au même. Que voulons-nous dire? Simplement, que les centres de l'hellénisme, notamment Alexandrie, Antioche et ses célèbres monastères, étaient en grande partie dans le monde arabe, c'est-à-dire ou bien en Égypte, ou bien en Syrie au sens de la Grande Syrie, ou bien en Irak; bien sûr, aussi, dans le reste de l'Empire byzantin.

ÉMILE NOËL C'était la Grande Grèce, l'ancienne Grande Grèce?

R. RASHED Exactement. Mais, au VIIIe siècle, la Grande Grèce faisait en fait déjà partie de ce monde qui commençait à être arabisé, c'est-à-dire que la langue arabe était en train de devenir la langue de la plus grande partie de la population; d'autre part, la région était en grande partie islamisée. Le transfert n'est donc nullement géographique, ni même culturel; il est essentiellement linguistique. Cela est important pour comprendre certains aspects de la traduction mathématique : la rapidité à laquelle elle a été faite, l'aspect massif qui fut le sien, et sur lequel nous reviendrons.

ÉMILE NOËL En fait, c'est une même population qui se trouve pratiquement au même endroit mais dont la culture se transforme; et ceci essentiellement par l'avènement d'une langue qui en remplace une autre.

R. RASHED C'est exactement cela : une langue, mais aussi une religion, qui, petit à petit, deviennent celles de la majorité de la population.

ÉMILE NOËL Mais il y a quand même un changement de lieux géographiques, un déplacement du point de focalisation : ce qui s'est éteint à Constantinople va se rallumer à Bagdad, nouveau centre des activités intellectuelles.

R. RASHED Au VIIIe siècle, ce qui est traduit, c'est essentiellement l'héritage scientifique alexandrin; c'est cet héritage qui parviendra effectivement à Bagdad, parce que Bagdad était déjà le centre de l'empire, donc le centre du pouvoir, et c'est là que s'amorce la première organisation qui encouragea ce type de travail; mais très rapidement, Bagdad sera un centre parmi d'autres. En effet, lorsqu'on ne mentionne qu'Alexandrie et Bagdad, la restriction est en un sens quelque peu symbolique, car au IXe siècle les centres vont se multiplier à une vitesse assez grande. Le Caire est un centre, Damas en était déjà un, même avant Bagdad. Mais le premier mouvement scientifique, sur-

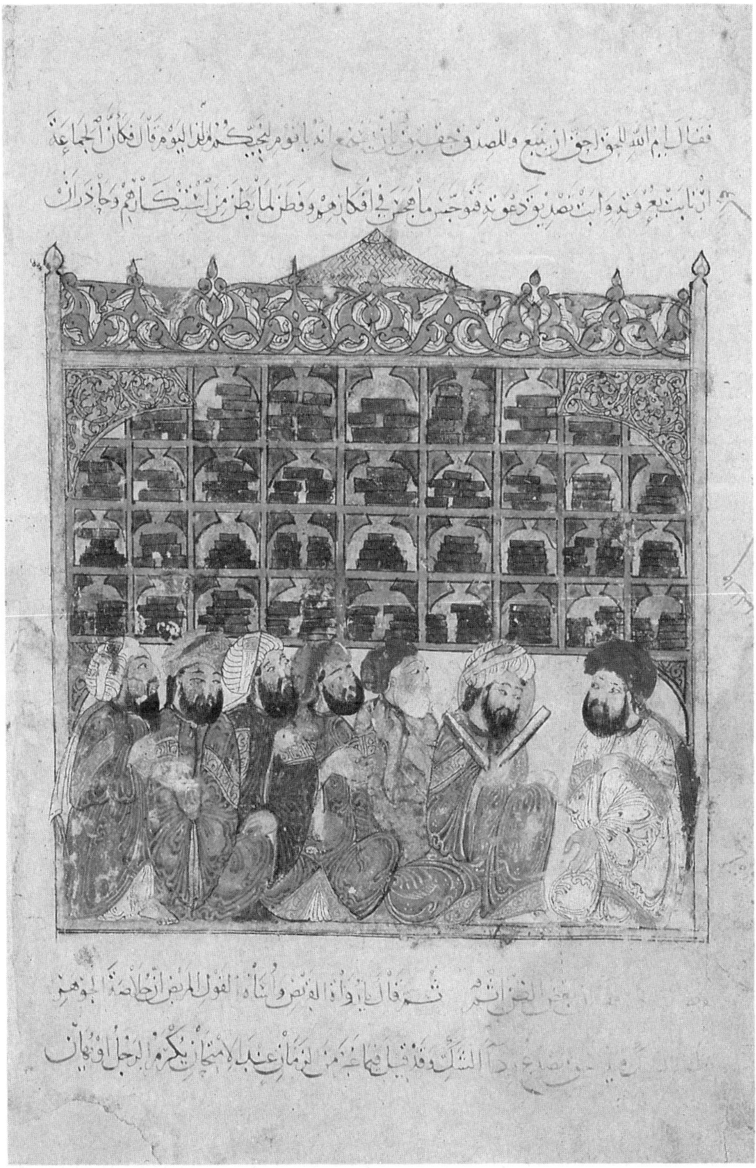

La maison de la sagesse (image du XIIIe siècle).

tout en mathématique, au sens à la fois de reprise de la tradition et de l'innovation, va d'abord et surtout apparaître à Bagdad avant de se propager partout ailleurs.

ÉMILE NOËL Il faut se pencher sur les traductions puisque c'est le côté le plus significatif du transfert. On saisit bien qu'il s'agit d'une même population qui, au cours d'une période d'un ou deux siècles, change à la fois de langue et de religion, mais conserve des acquis du passé. Vous nous avez parlé d'inertie, et peut-être de ce fait restait-il des manuscrits, des vestiges de ces grandes bibliothèques, notamment de celle d'Alexandrie, de tout ce travail de compilation qu'avaient organisé les Byzantins, et que c'est au sens de tout cela que se déploie l'entreprise de traduction.

R. RASHED Il y a un phénomène au VIIIe siècle, presque un mot d'ordre : traduire. Mais à cette époque, « traduire » concernait essentiellement les ouvrages scientifiques et philosophiques; ce qui nous intéresse ici, ce sont les mathématiques. Très peu de textes littéraires ont été traduits : ainsi le théâtre n'a pas été traduit. Quant aux mathématiques, elles furent traduites, et massivement. Enfin, il faut signaler qu'il arrivait que l'on traduise en syriaque avant de traduire en arabe. Les traductions étaient elles-mêmes des traductions du grec.

Pour les mathématiques en particulier, c'est presque toujours directement du grec que la traduction a été faite. Cela dit, pour comprendre ce grand phénomène de l'histoire, qui, s'il n'est pas unique, est exceptionnel, il faut se demander quelles conditions l'ont rendu possible. Un fait est d'une importance capitale, c'est l'activité d'une recherche linguistique en arabe même, indépendamment des traductions; cette recherche a, en premier lieu, été suscitée par les problèmes de traduction des textes institutionnels et administratifs. Je m'explique : lorsque l'Empire s'est constitué, avant le VIIIe siècle; lorsque la conquête arabe de la région eut lieu, il y avait des institutions byzantines; on a donc adopté ces institutions, et traduit en arabe les textes administratifs. Il existait, également, une activité à la fois religieuse, philosophique, etc., diverse et multiforme, ce qui a encouragé la traduction pour rendre possibles les échanges et les controverses. Bien des problèmes pourraient du reste être soulevés à cette occasion. Cela dit, les recherches philologiques en arabe étaient d'un niveau assez étonnant.

En second lieu, c'est la création même des institutions qui a favorisé le phénomène de traduction. Au VIIIe siècle, c'est déjà l'État qui s'est chargé de créer les institutions. Citons par exemple une institution comme la *Maison de la Sagesse,* à Bagdad; dans cette Maison, dotée d'une très grande bibliothèque, on trouvait, parmi les savants qui étaient là logés, nourris, etc., des traducteurs, dont je citerai un nom. Je ne voudrais pas surcharger le texte de noms arabes; je citerai simplement un très grand mathématicien-traducteur, Ibn Qurra, qui était associé aux « membres » de cette Maison de la Sagesse. Cette Maison de la Sagesse deviendra le modèle de réalisations privées. Ainsi on trouvera à Bagdad des princes, des nobles, qui auront eux-mêmes de grandes bibliothèques privées, auxquelles ils associeront de grands traducteurs, des intellectuels en général. Et du reste l'émergence de cette nouvelle pratique sociale, qui concerne la création des bibliothèques, l'encouragement de la science, etc., a favorisé très sensiblement les mouvements de traduction au IXe siècle. Quant à votre allusion aux bibliothèques déjà existantes, ou même aux collections privées, c'est là un fait déjà saisi et souligné dans les livres de l'époque, car c'est à ces collections que les chercheurs s'adressaient dans leur quête des anciens manuscrits mathématiques. Ils le faisaient à titre privé. On sait en effet, de la biographie des grands traducteurs, qu'ils allaient eux-mêmes chercher ces manuscrits, surtout mathématiques, chez ces collectionneurs; mais ils suivaient également des missions officielles qui partaient pour Byzance, pour explorer les monastères ou bien encore les bilbliothèques. On raconte dans les Chroniques que, dans l'accord d'État à État entre l'Empire musulman et l'Empire byzantin, figurait une requête spéciale pour que l'empereur byzantin laissât exporter les manuscrits scientifiques vers Bagdad.

ÉMILE NOËL Tout de même, pour traduire des textes mathématiques, il faut être soi-même mathématicien. Cela implique l'existence d'une culture de base dans ce domaine, pour que s'éveille l'intérêt envers des textes étrangers.

R. RASHED Absolument. Il faut en effet être d'abord un mathématicien, ensuite un mathématicien qui connaît le grec. C'est ce qui explique ma formule de tout à l'heure, « du même au même ». Or cette catégorie de savants existe encore à l'époque; le grec n'avait pas disparu comme langue de culture, tout au moins religieuse; le grec était présent, ainsi qu'une certaine tradition de commentaires des livres mathématiques, surtout dans les communautés syriaques. Je ne veux pas dire qu'il existait une activité mathématique à proprement parler, mais que l'on s'occupait au moins de commentaires, si bien qu'il se trouvaient des gens susceptibles d'entreprendre cette traduction. Ce n'est donc pas par hasard que la plupart d'entre eux sont d'origine syriaque.

ÉMILE NOËL Pour revenir aux traductions, quel aspect général prend ce phénomène et quels types de textes mathématiques traduit-on de préférence?

R. RASHED Ce sont là des questions très techniques et, si vous permettez, par souci de clarté et de légèreté, je limiterai autant que possible mes références aux noms des traducteurs. Ce phénomène de traduction a plusieurs aspects; il est d'abord massif, c'est-à-dire que la plupart des ouvrages mathématiques de l'Antiquité et de l'Antiquité tardive ont été traduits : on a traduit Euclide, les *Éléments* et les *Données,* et les autres ouvrages; on a traduit tout ce qu'on a pu trouver d'Archimède, les livres concernant la mesure des aires et des surfaces : *La Sphère et le Cylindre, La Mesure du Cercle,* ont ainsi été trouvés et traduits, ainsi que d'autres ouvrages, qui relèvent d'autres domaines. D'Apollonius, ils ont traduit *Les Coniques,* ainsi qu'un autre ouvrage perdu en grec. Il faut d'ailleurs noter que les trois derniers livres des *Coniques* n'existent qu'en arabe. Ils ont également traduit Pappus, Diophante, et même des auteurs mineurs comme les Néo-Pythagoriciens, par exemple, Nicomaque de Gérase et Héron d'Alexandrie.

Le deuxième aspect du phénomène, c'est que ces traductions étaient tardives à deux points de vue. Tardives par rapport aux activités mathématiques, d'abord : la traduction semble avoir suivi, et non précédé, ces activités. Pour résumer, je dirai qu'on n'a pas traduit pour apprendre, mais pour poursuivre la recherche. D'autre part, ces traductions étaient tardives comparées à celles qui se faisaient dans d'autres disciplines. Il y a des traductions en médecine, en philosophie, avant les traductions en mathématiques. Troisième aspect, déjà quelque peu évoqué : ces traductions étaient directement liées à la recherche, et donc entreprises par des mathématiciens inventifs. Je voudrais dire qu'elles n'étaient pas le fait de mathématiciens de second ordre, mais c'était parfois au contraire l'acte de mathématiciens de première classe, si l'on peut dire. Le quatrième aspect

Trouver deux nombres carrés tels que, additionnés, ils soient un nombre carré et que, multipliés l'un par l'autre, ils soient un nombre cubique.

Puisque le nombre cubique est obtenu de la multiplication d'un nombre par lui-même et de la multiplication également du résultat par ce même nombre, on suppose un des deux nombres carrés un carré et on le multiplie par lui-même, on a donc un carré-carré ; et supposons le second nombre un carré-carré. Il est évident que si on multiplie un des deux nombres qui est un carré par l'autre nombre qui est un carré-carré, on a un cubo-cube, qui est un nombre cubique car il est obtenu d'un nombre multiplié par lui-même, et du résultat par ce même nombre. Mais si on additionne les deux nombres carrés, il en résulte un carré-carré plus un carré. Il est nécessaire que ce soit un carré ; supposons qu'il a pour côté un carré plus un quart de carré et multiplions-le par lui-même, on a un carré-carré plus neuf parties de seize parties de carré-carré, ce qui est donc égal à un carré-carré plus un carré. Retranchons le carré-carré commun des deux membres, il reste neuf parties de seize parties de carré-carré égales à un carré. Divisons les deux membres par un carré, on obtient neuf parties de seize parties de carré égales à un et un carré entier égale donc seize parties de neuf parties d'unité. On a supposé l'un des deux nombres un carré, l'un des deux nombres est donc seize parties de neuf parties d'unité et l'autre nombre, deux cents parties plus cinquante-six parties de quatre-vingt-une parties de l'unité, et si on multiplie seize parties de neuf parties d'unité par deux cents parties plus cinquante-six parties de quatre-vingt-une parties d'unité, il résulte quatre mille parties plus quatre-vingt-seize parties de sept cent vingt-neuf parties d'unité, nombre cubique dont le côté est seize parties de neuf parties de l'unité. Lorsqu'on additionne également les deux nombres carrés, il en résulte quatre cents parties de quatre-vingt-un, nombre carré dont le côté est vingt parties de neuf.

On a donc trouvé deux nombres selon ce qui a été déterminé : seize parties de neuf et deux cent cinquante-six parties de quatre-vingt-un. Ce qu'il fallait trouver.

est la multiplicité de ces traductions : il arrive qu'un même livre soit traduit deux fois comme les *Éléments* d'Euclide au début du VIIIe siècle; mais la traduction a encore été révisée une fois, et c'est là le cinquième aspect : il n'était pas rare qu'une fois traduit le livre soit révisé.

On prenait donc beaucoup de soin pour aboutir à un texte vraiment sans défauts. Il s'agit donc de traductions de savants, et non pas seulement de philosophes; et, pour cette raison, les textes n'étaient pas à l'abri d'une interprétation. C'est là un phénomène qu'il ne faut pas oublier.

ÉMILE NOËL Une traduction critique en quelque sorte?

R. RASHED La traduction pouvait être un peu infléchie en un sens qui n'était pas absolument fidèle au texte. Prenons par exemple les *Arithmétiques* de Diophane. L'ouvrage appartient en fait essentiellement à la théorie des nombres; mais quand il fut traduit, après la constitution de l'algèbre comme science, on a donné aux *Arithmétiques* un style, et même un lexique, algébrisé, ce qui constitue déjà une interprétation.

C'est à la fois l'intérêt, mais aussi le risque, de ce genre de traductions. Intérêt, car, faites par des savants, elles ne pouvaient receler de contre-sens élémentaire. Mais il faut quand même s'en défier, parce que, en pleine activité mathématique, le traducteur pouvait utiliser le langage de son temps et donc en fait introduire subrepticement une interprétation qui n'appartenait pas aux mathématiques hellénistiques.

Les mathématiciens arabes, s'ils interprétaient les textes, étaient quand même d'authentiques traducteurs, et le débat sur la technique de la traduction était un débat vivant; il y avait des controverses sur : comment traduire, la traduction doit-elle être littérale, ou doit-elle simplement exprimer le sens? Je me souviens par exemple d'un texte d'un célèbre philosophe, al-Kindi, où il s'engage personnellement sur la technique de la traduction.

Ce genre de discussions s'est poursuivi au VIIIe et au IXe siècles, et c'est surtout au IXe siècle qu'eut lieu la traduction massive de mathématiques.

ÉMILE NOËL Une question me vient pour conclure : Alexandrie est en sommeil, les mathématiques ne sont plus pratiquées, il n'y a plus de mathématiciens vraiment importants, seulement des manuscrits conservés qui dorment, et voici qu'arrive la

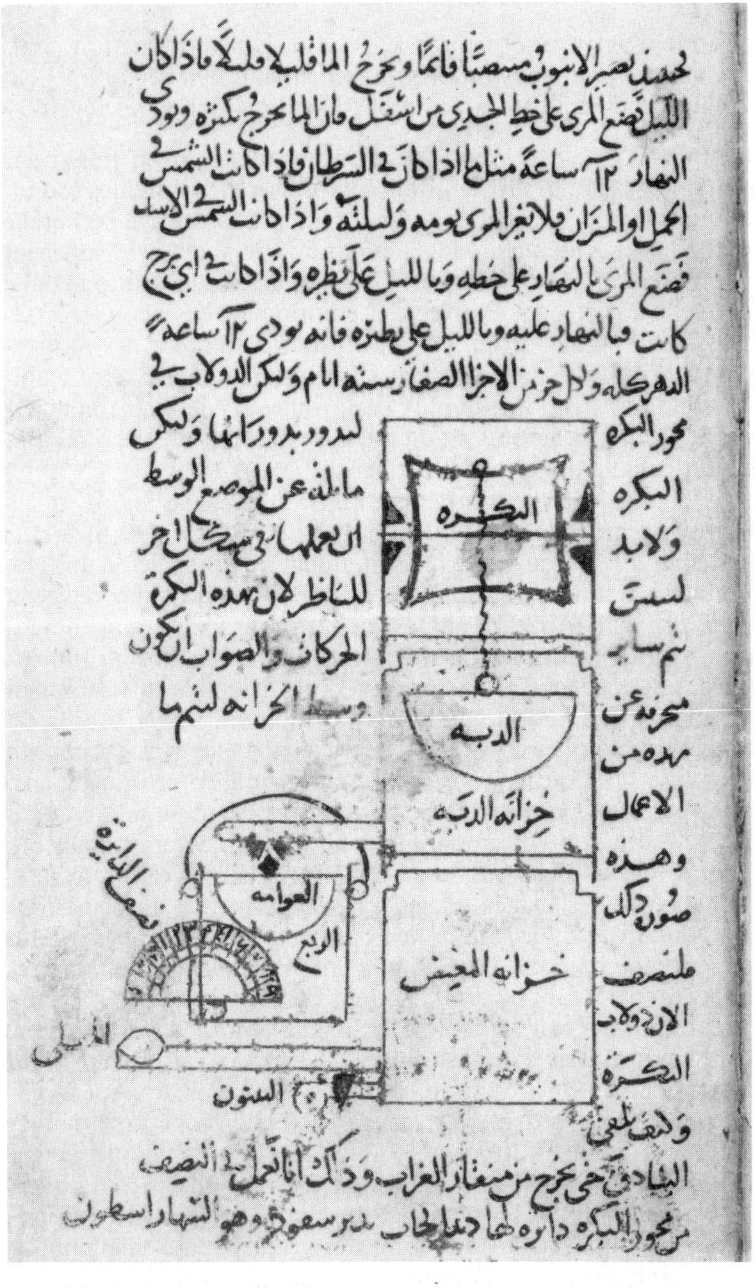

Traité de pneumatique attribué à Archimède, touchant le mécanisme des orgues, des automates, des clepsydres.

période d'activité, qui passe, c'est vrai, par la traduction, mais qui suppose une sorte de bouillonnement. Est-ce qu'on peut donner une explication de ce passage du sommeil au réveil?

R. RASHED La question est d'importance, car en fait, pour pouvoir y répondre, il faudrait comprendre les systèmes économiques, la société, de l'époque. Or, sur ce terrain, la recherche n'est qu'à ses débuts. Mais, sans faire de sociologie, on peut admettre quelques évidences. Il y a en effet constitution d'une nouvelle société, un Empire qui comprenait des peuples différents, de langues différentes; on a donc assisté à des mouvements d'unification, à plusieurs égards. Il fallait d'abord unifier l'administration : le plus important, sur le plan financier, sur le plan des impôts, c'est qu'on parle les mêmes langues, qu'on calcule de la même manière.

Toute l'activité mathématique s'est donc, d'abord, développée en arithmétique, au sens de l'unification des différents systèmes d'arithmétique mais il fallait justifier cette unification. On a donc développé une arithmétique décimale réglée et ce n'est pas par hasard si c'est précisément chez ces arithméticiens qui travaillaient à l'unification des différentes arithmétiques, qui dégageaient une arithmétique décimale suffisamment efficace et maniable, que l'on voit apparaître l'algèbre. C'est d'ailleurs là le sujet d'une recherche actuellement en cours : durant le VIIIe siècle, nous avons un ensemble d'arithméticiens, qui travaillent pour satisfaire ces besoins; et soudain, au début du IXe siècle, on voit apparaître une discipline qui est l'algèbre et cette discipline, nous le verrons par la suite, va immédiatement avoir des exigences, elle va exploiter des informations mathématiques. Ce sera là une des motivations pour une nouvelle recherche, mais ce n'est pas la seule, ni sans doute la plus importante. Il faut en effet évoquer l'astronomie. Car l'activité astronomique, qui se déploie en même temps, a besoin d'une mathématique assez développée. Quant aux raisons du développement de l'astronomie, il y en a d'essentielles, sociologiques et de tous ordres. Il y a des raisons de géographie mathématique, la constitution de l'État, ainsi que l'épanouissement culturel global, peut-être même certaines raisons astrologiques, mais ce ne sont pas les plus importantes. Cette activité astronomique va imposer la traduction des grands traités mathématiques, pour que les problèmes puissent être repris à la base.

XII

La naissance de l'algèbre

R. Rashed

ÉMILE NOËL Nous sommes au IXe siècle, et il y a bien déjà cent ans que les traducteurs se sont mis à l'œuvre, mais seulement dans les domaines de la médecine et de la philosophie. On commence donc à traduire, tardivement, les manuscrits mathématiques. Dans le même temps, on voit naître, dans cette culture arabe, une nouvelle discipline : l'algèbre. Quels sont les rapports de ces deux modalités de la pratique scientifique; d'un côté, la traduction, et de l'autre, l'invention? Y a-t-il seulement parallélisme, ou bien relation de cause à effet?

R. RASHED Le nom même des gens indique la situation. Le traducteur d'Euclide s'appelait al-Hajjaj : il était à la « Maison de la Sagesse » de Bagdad. Son collègue, al-Khwārizmī, qui sera le personnage principal de notre entretien aujourd'hui, était lui aussi, en même temps, à la Maison de la Sagesse de Bagdad. L'un traduisait Euclide, surtout les *Éléments;* l'autre écrivait son premier livre sur l'algèbre, c'est-à-dire le livre, où, pour la première fois, le mot « algèbre » apparaît dans le titre pour désigner une discipline. Il s'agissait déjà de deux courants de recherche, séparés certes, mais cependant en contact, comme on le verra plus loin. Arrêtons-nous un peu sur al-Khwārizmî. Il a composé à Bagdad, entre 813 et 833, son livre sur l'algèbre ; l'importance de l'événement n'a d'ailleurs pas échappé à la communauté mathématique de l'époque : tous reconnaissaient la nouveauté du projet, et la priorité d'al-Khwārizmî.

Quels sont, en fait, les principaux concepts utilisés par al-Khwārizmî ? Tout d'abord, la notion même d'équation du premier et du second degrés. Là, al-Khwārizmî se distingue de ses éventuels prédécesseurs. Il ne s'agit plus, comme dans les mathématiques babyloniennes par exemple, de résoudre des problèmes arithmétiques ou géométriques qu'il est possible de traduire dans les termes d'une équation, mais exactement du contraire. On commence par les équations, les problèmes viennent après.

ÉMILE NOËL L'originalité serait cette capacité d'abstraction qui permet d'élaborer un instrument quelle que soit la nature des objets qu'il représente.

R. RASHED C'est absolument évident, dès la première page du livre d'al-Khwārizmī : qu'il traite de grandeurs géométriques, de nombres, que le domaine d'application soit tel ou tel problème, cela ne change rien. La notion de base, c'est la notion d'équation, qui peut couvrir une classe infinie de problèmes, géométriques ou arithmétiques : l'unité n'est plus l'objet mais l'opération même. C'est là une différence entre al-Khwārizmī et, par exemple, Diophante, car nous allons voir que le mathématicien grec avait une technique algébrique beaucoup plus compliquée ; celle d'al-Khwārizmī est simple. Dès le départ, le style est différent. D'ailleurs la limitation aux termes des premier et second degrés a pour raison la conception de la solution et de la preuve ; on peut montrer qu'al-Khwārizmī pouvait aller beaucoup plus loin, mais qu'il s'en tenait volontairement aux premier et second degrés.

Le deuxième concept essentiel, c'est celui de binôme et de trinône associés à l'équation, sur lesquels al-Khwārizmī va examiner l'application des différentes lois de l'arithmétique élémentaire, c'est-à-dire l'addition, la soustraction, la multiplication et la division. Ce qui est important, c'est d'isoler la notion de binôme et de trinôme associés et d'étudier ainsi les lois de l'arithmétique sur ces objets.

La troisième notion, c'est la formule normale, c'est-à-dire la mise en équation sous une forme normale. Par exemple, l'équation du second degré sera du type $x^2 + px + q = 0$, pour simplifier et utiliser notre terminologie. Quelle que soit sa forme, une équation devra donc se réduire à une des formules canoniques.

Ensuite, le quatrième concept, c'est la solution algorithmique. La solution doit être nécessairement algorithmique et la solution de l'équation du second degré doit être par radicaux. On savait déjà calculer cette solution mais ce qui est nouveau,

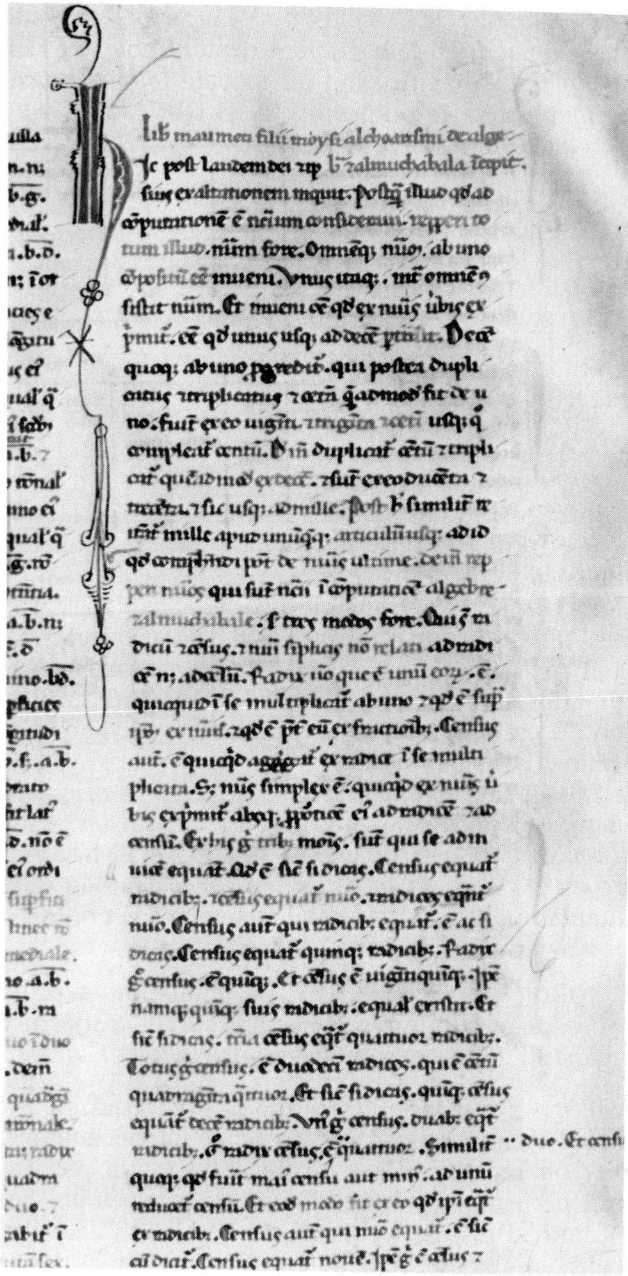

Livre d'Algèbre d'al-Khwārizmī.

c'est l'exigence que cette solution soit à la fois par radicaux, donc calculable, et en même temps démontrable. La démonstration d'al-Khwārizmī se fait au moyen de la géométrie, et c'est probablement là qu'il a profité des travaux de son collègue, en train de traduire Euclide.

ÉMILE NOËL Vous venez de prononcer le mot algorithme, et ce terme est lié à l'inventeur de l'algèbre...

R. RASHED C'est la prononciation latine du nom d'al-Khwārizmī, sa traduction latine, si on peut s'exprimer ainsi.

ÉMILE NOËL A cette époque, quel est précisément le statut de l'algèbre ?

R. RASHED Dès son commencement, l'algèbre se présente comme une théorie des équations résolubles par radicaux et du calcul algébrique sur les binômes et trinômes associés, sans que soit encore formulée l'idée de polynôme en général. C'est en cela que consiste la nouvelle conception ; il serait vain, à mon sens, de rechercher une semblable théorie avant d'al-Khwārizmī. Il peut se faire que l'on rencontre l'un de ces concepts dans un des textes de l'Antiquité, ou de l'Antiquité tardive, mais jamais ils n'apparaissent tous et jamais ils ne sont liés en une telle structure. C'est précisément cette structure théorique élaborée qui explique l'apparente pauvreté technique de l'algèbre d'al-Khwārizmī. Il faut d'ailleurs relever un fait historique important : à partir d'al-Khwārizmī, on observe tout un courant de recherches algébriques, preuve de la dimension historique de l'œuvre et il s'agit là du vrai commencement de l'algèbre. L'accumulation d'écrits et de recherches en algèbre commence avec al-Khwārizmī.

ÉMILE NOËL Est-ce que cette accumulation d'écrits, de recherches, de réactions, représente un courant unifié, ou diverses tendances, différentes ou encore divergentes ?

R. RASHED Tout de suite après al-Khwārizmī, il n'existe qu'un seul courant mais qui va éclater un siècle après. Par exemple, on reprendra le livre d'al-Khwārizmī pour approfondir et perfectionner ses techniques. Un algébriste célèbre, Abū Kāmil, d'Égypte, va terminer l'étude du calcul sur les rationnels, et commencer une étude approfondie des opérations algébriques sur les irrationnels quadratiques.

Abū-Kāmil a consacré un ouvrage, *Le livre des choses rares en arithmétique.* Abū-Kāmil résout en nombres entiers naturels des systèmes d'équations du type (problème 5).

$$x + y + z = 100$$

$$3\,y + \frac{y}{20} + \frac{z}{3} = 100$$

d'où on tire $x = 25 + \frac{17}{160}y$

La plus petite valeur de x entière s'obtient pour $y = 160$ et comme d'après la première équation, y est inférieur ou égal à 100, ce système ne possède pas de solution.

Je rappelle par ailleurs que le livre d'al-Khwārizmī a été traduit deux fois en latin, et que celui d'Abū- Kāmil a été traduit en latin et en hébreu, en Italie. Entre le XIIe et le XVe siècles, l'enseignement de l'algèbre en Europe se faisait essentiellement à partir de ces livres, ou de ceux de leurs commentateurs.

ÉMILE NOËL De nos jours, l'algèbre, directement ou indirectement, a rapport avec les autres techniques mathématiques, notamment l'arithmétique et la géométrie. Est-ce que ces relations existaient déjà à cette époque?

R. RASHED Quand cette tradition va éclater, elle éclatera en deux courants : l'un est directement lié à l'arithmétique, l'autre à la géométrie. La liaison avec l'arithmétique représente elle-même une petite révolution en algèbre. A la fin du Xe siècle ou au début du XIe, il y a une telle accumulation de résultats obtenus en calcul algébrique et une telle modification des notions, qu'un projet voit le jour. Ce nouveau projet, on peut le résumer en un mot, c'est arithmétiser l'algèbre. Arithmétiser l'algèbre, c'est d'abord concevoir d'une manière claire la notion de polynôme, et ensuite étudier toutes les opérations de l'arithmétique élémentaire sur les polynômes.

Par exemple, on étudie à la fois, bien sûr, l'addition, la soustraction des polynômes, la multiplication et la division des polynômes, mais aussi l'application des algorithmes arithmétiques sur les polynômes; ou bien la division euclidienne (au lieu de l'étudier seulement pour les nombres, on l'étudie cette fois pour les polynômes). Par exemple encore, l'extraction de la racine carrée d'un polynôme. Le résultat final est que, vers la

Dans un autre ouvrage, le *Livre sur les problèmes indéterminés* Abū-Kāmil a étudié les problèmes indéterminés du second degré comme par exemple :

$$x^2 - 8x - 30 = y^2$$

ou les systèmes

$$\begin{cases} x = x^2 = y \\ x - x^2 = z^2 \end{cases} \text{ et } \begin{cases} 10 + x^2 = y^2 \\ 10 - x^2 = z^2 \end{cases}$$

dont il cherche les solutions rationnelles et pas seulement les solutions entières.

fin du Xe siècle, et le début du XIe siècle, on assiste à l'achèvement de la constitution de l'algèbre des polynômes et on a une meilleure connaissance de la structure algébrique du nombre réel; pour utiliser un langage qui n'est pas du tout celui de l'époque, on a étudié des extensions algébriques finies du corps des rationnels.

Je rappelle, si vous permettez, quelques résultats obtenus par ces mathématiciens, et souvent attribués par les historiens à leurs successeurs :

— grâce à la définition de la puissance nulle, c'est-à-dire $x^\circ = 1$ pour $x \neq 0$, ils ont pu énoncer en toute généralité la règle équivalent à $x^n \times x^m = x^{n+m}$, pour m et n entiers.
— Ils ont énoncé la règle du signe en toute généralité.
— Ils ont formulé, on l'a vu, le concept de polynôme.
— Ils ont étendu aux polynômes l'algorithme d'Euclide pour la division des entiers.
— Ils savent extraire la racine carrée d'un polynôme.
— Ils inventent la formule du binôme et le tableau des coefficients.
— Ils trouvent le triangle de Pascal qui était à la fois énoncé et démontré à la fin du Xe siècle. On le trouve d'ailleurs souvent dans les travaux mathématiques entre la fin du Xe siècle et le XVe siècle.
— Enfin, et c'est très important, les irrationnels algébriques sont étudiés en tant que nombres, et non plus en tant que grandeurs.

ÉMILE NOËL C'est encore un pas vers l'abstraction?

R. RACHED Bien sûr, sur le plan apparent de l'organisation formelle. Un traité d'algèbre s'organise maintenant différemment ; il s'organise autour des opérations de l'arithmétique

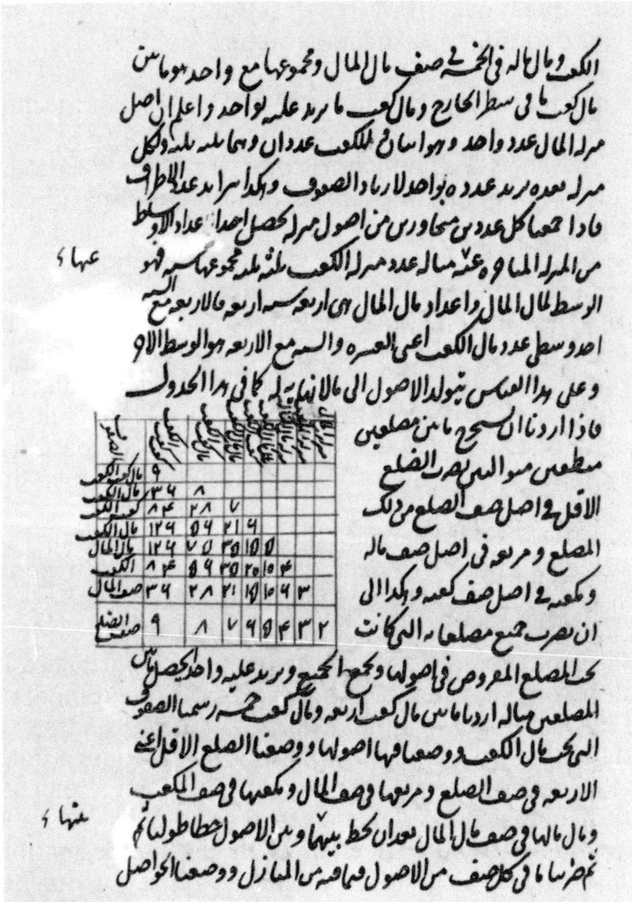

Al-Kāshî appelle les coefficients du binome « éléments des exposants » et n'écrit pas les coefficients égaux à 1 du premier et du dernier terme du développement. Son « triangle de Pascal » est écrit alors :

9							
36	8						
84	28	7					
126	56	21	6				
126	70	35	15	5			
84	56	35	20	10	4		
36	28	21	15	10	6	3	
9	8	7	6	5	4	3	2

et comprend, en outre, un chapitre sur l'analyse indéterminée, structure que vous trouverez jusqu'aux XVIe, XVIIe siècles. Vous avez toujours la même structure pour les traités d'algèbre arithmétique. Une des conséquences les plus importantes de cette algèbre renouvelée est relative aux techniques de la preuve, de la démonstration. On trouve à l'époque l'usage délibéré de l'induction complète finie, c'est-à-dire de la récurrence comme moyen de démonstration. C'est précisément au Xe siècle que cette méthode s'est distinguée d'autres, jusque-là utilisées en algèbre et en arithmétique. Elle sera d'une grande efficacité pour certains progrès, localement pour le moins, en arithmétique. C'est al-Karajī qui a vraiment formulé ce projet ; il s'agit d'un mathématicien qui a été plus ou moins étudié à partir du XIXe siècle ; là, on voit une rupture sur le plan de l'algèbre arithmétique. Son œuvre était connue de Léonard de Pise, qui d'ailleurs connaissait parfaitement l'arabe et fut le plus important mathématicien italien du XIIIe siècle.

ÉMILE NOËL On pourrait dire encore beaucoup sur le mariage de l'algèbre et de l'arithmétique, mais il nous faut aborder le deuxième courant que vous avez signalé : le traitement algébrique de la géométrie.

R. RASHED Ce deuxième courant est très important, à la fois pour l'histoire des mathématiques et pour comprendre comment la science se constituait.

Il l'a d'abord été pour des raisons intrinsèques à l'algèbre. C'est l'incapacité de résoudre par radicaux l'équation cubique. Les mathématiciens-arithméticiens ont essayé, ils ont réalisé des progrès, au moins partiels, en utilisant des transformations afines pour ramener l'équation cubique à sa forme canonique. Là ils ont réussi, mais ils n'ont pas résolu par radicaux cette équation-là. La deuxième raison est que l'élaboration par les algébristes du concept de polynôme a permis d'entrevoir en toute clarté une théorie des équations, et pas simplement l'étude de quelques types d'équations. La troisième raison tient à la fois à la géométrie et à l'astronomie, c'est la traduction des problèmes géométriques en des expressions polynômiales. Ainsi, par exemple, chez al-Khāzin (Xe siècle), il y eut d'abord des problèmes astronomiques, tels que la détermination des cordes; des problèmes pour lesquels les astronomes ont été amenés à traduire leurs problèmes géométriques ou trigonométriques en équations, lesquelles étaient cubiques.

D'autre part, ce qui était hérité de la tradition hellénistique, les problèmes célèbres, comme la trisection de l'angle, les deux moyennes proportionnelles, la construction de l'heptagone régulier (que les mathématiciens arabes ont trouvés parfois résolus, parfois non résolus, dans les textes grecs), ont été traduits cette fois en équations nécessairement cubiques. Tous ces éléments ont convergé vers l'idée de résoudre ces équations par un autre moyen qu'un moyen entièrement algébrique et aussi d'unifier tout cela pour faire une théorie.

C'est al-Khayyām — on ne sait s'il s'agit du poète ou d'un autre, en tout cas c'est un auteur du XIe siècle — qui commence par donner une classification des équations de degré $\leqslant 3$. Il propose, pour résoudre ces équations, d'utiliser l'intersection de deux coniques, c'est-à-dire la technique qu'on redécouvrira aux XVIe-XVIIe siècles. Je donnerai des exemples, avant cela, je voudrais insister sur le fait que cette intersection des deux coniques est démontrée et pas simplement constatée, démontrée au moyen des équations de ces courbes mêmes, et c'est une étape assez importante.

Ainsi, par exemple, pour résoudre l'équation du type $x^3 + ax = b$, il utilise l'équation du cercle et celle de la parabole. Pour résoudre l'équation du type $x^3 = ax + b$, il a recours à l'équation de la parabole et à celle d'une hyperbole équilatère. Donc, avec al-Khayyām, vous avez effectivement la première théorie géométrique, pour ainsi dire, des équations cubiques. Je rappelle que al-Khayyām lui-même, et les auteurs de son époque, savaient pertinemment, et répétaient, que rien n'est parvenu des Grecs, ni de prédécesseurs arabes, qui soit semblable à ce qu'ils ont fait. Ils étaient donc parfaitement conscients de la nouveauté de la réalisation.

ÉMILE NOËL Il s'agit donc d'une véritable innovation?

R. RASHED Pour eux, il s'agissait d'une innovation complète, et personne avant eux n'avait jamais pensé à cette combinaison de moyens et de concepts algébriques, d'une part, et d'autre part nul n'avait non plus imaginé d'utiliser les coniques, caractérisées par leurs équations, pour résoudre ce type d'équation.

ÉMILE NOËL On peut supposer que cette orientation des recherches n'en est pas restée là, qu'il y a eu des suites, des conséquences?

R. RASHED Ces problèmes devenaient de plus en plus difficiles, mais il y eut des suites, et l'une d'elles fut particulièrement importante : il s'agit d'un mathématicien nommé al-Tūsī, mort à la fin du XIIe siècle. Celui-ci va encore plus loin que al-Khayyām, en ce sens qu'il utilise des notions et des techniques qu'on appellerait aujourd'hui fonctionnelles, pour la localisation des racines de ces équations, mais j'entends simplement des racines réelles positives. Plus important encore : sans aucune explication, ce même Tūsī introduit l'usage de la dérivée, et reconnaît, au moins localement, le rôle du discriminant de l'équation cubique. Plus encore, Tūsī aura des successeurs, qui eux-mêmes vont dégager des théories : par exemple les relations entre les coefficients et les racines dans le cas d'équations cubiques, c'est-à-dire les fonctions symétriques élémentaires. Les mathématiciens se limitent cependant aux équations cubiques. On rencontrera d'ailleurs Tūsī, après, pour l'analyse numérique. Moyennant quoi le langage mathématique devient excessivement lourd et, même s'il a rendu possible un progrès, il devient difficile d'aller de l'avant.

XIII

Entre l'algèbre et l'arithmétique

R. Rashed

ÉMILE NOËL Nous avons vu comment les textes mathématiques grecs ont été intégrés dans la culture arabe, les problèmes de traduction qui se sont alors posés, ainsi que les transpositions quasi inévitables. Puis, nous avons assisté à la naissance de l'algèbre, et avons vu apparaître, en deux courants concomitants, ses rapports avec l'arithmétique et la géométrie. Maintenant, il nous faut regarder quelles ont été les conséquences de ces courants, et, en particulier, quelle a été l'influence de l'algèbre sur l'organisation des mathématiques dans cette culture.

R. RASHED Avec la constitution de l'algèbre, et puis le recommencement de l'algèbre à la fin du Xe siècle, nous avons vu s'instaurer une certaine discipline entre l'algèbre et l'arithmétique, qui a donné une nouvelle organisation à une bonne partie des mathématiques. On a vu émerger une autre mathématique non hellénistique, qui précède et, en un sens, définit, les mathémathiques classiques, comme on va le voir. Les effets se manifestent par la constitution de nouveaux chapitres de mathématiques tels que :
— l'analyse combinatoire;
— l'analyse numérique;
— la résolution des équations numériques et les méthodes nécessaires à cette résolution;
— un certain changement, substantiel d'ailleurs, au niveau de la théorie des nombres héritée des mathématiques hellénistiques.

ÉMILE NOËL Vous venez quasiment de tracer notre plan; il nous suffit de reprendre ces quatre points, bien qu'on puisse supposer que chacun a des prolongements dans les autres. Commençons donc par l'impact de l'algèbre sur l'analyse combinatoire.

R. RASHED L'histoire de l'analyse combinatoire est un peu curieuse, en ce sens qu'il y eut deux moments qui définissent cette histoire. Le premier moment, c'est la fin du Xᵉ siècle, où les algébristes et les linguistes s'unissent, d'une certaine manière. Nous avons déjà vu que les algébristes ont obtenu, à la fin du Xᵉ siècle, la formule des combinaisons les plus importantes, notamment le triangle arithmétique, mais les caractéristiques combinatoires étaient reléguées au second plan. Les algébristes considéraient alors les résultats obtenus comme « moyens arithmétiques auxiliaires en algèbre ». D'autre part, l'analyse combinatoire est apparue comme pratique combinatoire chez les linguistes, sans que ses propositions soient formulées d'une manière générale ni, à plus forte raison, démontrées. J'ai déjà insisté sur l'importance de la recherche linguistique au VIIᵉ siècle. A cette époque, un linguiste en particulier, al-Khalīl, a pensé, pour la première fois, à composer un dictionnaire, et non pas un lexique. Il a alors élaboré, à partir d'une analyse philologique très poussée, pratiquement celle dont nous disposons encore pour l'arabe, l'idée de la langue comme partie phonétiquement réalisée d'une langue possible.

Or, avec une telle idée, on peut d'abord procéder par des moyens combinatoires : à partir d'une analyse phonologique de la langue, il a donné certaines formules, et notamment celle de l'arrangement *r* à *r* des lettres de l'alphabet. La recherche d'al-Khalīl sera activement poursuivie par la suite. Il a fallu cependant attendre encore pour que ces deux courants soient unifiés, et ceci n'eut lieu ni chez les algébristes, ni chez les linguistes, mais chez les théoriciens des nombres; cette unification donna naissance à l'analyse combinatoire telle qu'on la connaît dans les traités élémentaires, lorsque les théoriciens eurent identifié les nombres figurés aux coefficients binominaux. L'unification de ces deux courants s'est donc faite sur le terrain de l'étude des nombres figurés, comme cela est manifeste dans l'œuvre d'un mathématicien, et aussi physicien célèbre, qui s'appelle al-Fārisī, mort en 1320, et chez bien d'autres encore. A l'époque, ils avaient obtenu toutes les formules de combinaisons, permutation, arrangement, connues aux XVIIᵉ ou XVIIIᵉ siècles, c'est-à-dire tout ce que peut comporter un chapitre de l'analyse combinatoire élémentaire.

ÉMILE NOËL Nous entrons là dans un domaine difficile à saisir, parce qu'il y a évolution, dans la technique, évolution de la façon dont elle est comprise, saisie et dans l'élaboration de la théorie. L'analyse combinatoire est l'un des résultats de ce processus et l'évolution de l'analyse numérique risque d'être encore plus complexe.

R. RASHED C'est vrai. En un sens le problème auquel ont été confrontés les mathématiciens de l'époque, c'est celui de l'application de la nouvelle algèbre à une arithmétique traditionnelle et cette utilisation a permis de constituer ces chapitres où se trouvent généralisées des méthodes de recherche numérique. Par exemple, l'extraction de la racine $n^{ième}$ racine d'un entier, et les méthodes d'approximation nécessaires. Ils étaient obligés de résoudre un tel problème d'une manière générale, dès qu'ils se trouvaient confrontés à certains calculs astronomiques. Ainsi, au XIIe siècle, on trouve la célèbre méthode dite de Ruffini-Horner; on applique cette méthode pour déterminer, par exemple, la racine cinquième d'une fraction à base 60 constituée de 12 chiffres. Tout cela était lié aux calculs astronomiques.

ÉMILE NOËL Pour la racine carrée et la racine cubique, ce sont des extractions relativement simples. Ensuite on envisage des racines 4e et 5e et on généralise à $n^{ième}$. Mais ce doit être une technique très délicate à exposer ici?

R. RASHED Il y a un algorithme connu, l'algorithme de Ruffini-Horner; quant au deuxième versant de la méthode, il s'agit de la transformation de l'expression polynomiale, plusieurs fois, afin d'aboutir. Au XIIe siècle également, on trouve une méthode pour approcher la racine irrationnelle d'un entier, méthode qui dépend essentiellement de la formule du binôme, sous sa forme générale bien sûr, et qui sera connue plus tard comme méthode de al-Kāshī-Newton (Al-Kāshī est un mathématicien du XVe siècle). On peut recenser bien d'autres méthodes et procédés, destinés à améliorer l'approximation, et qui, bien sûr, n'ont pas tous la même valeur. Ce problème, fondamental pour l'histoire de l'analyse numérique, devient une préoccupation permanente pour les mathématiciens de l'époque.

ÉMILE NOËL Pour le sens commun, les mathématiques sont la science de ce qui est exact. Or une partie importante du travail mathématique consiste à approcher, avec certes de plus en plus de précision, mais à faire du calcul approché. Il est intéressant, par ailleurs, de voir que ce qui se passe aux XIIe et

XIIIe siècles est attribué beaucoup plus tard à tel ou tel. Ces résolutions ont été réalisées dans un certain anonymat, et les méthodes ne seront accompagnées de noms que deux ou trois siècles plus tard.

R. RASHED Nous connaissons quand même les mathématiciens des XIe, XIIe siècles; nous savons comment ces méthodes étaient données, pas seulement établies, mais aussi démontrées.

ÉMILE NOËL Quelles sont les conséquences de ces pratiques?

R. Rashed Il y a deux aspects. Le premier, c'est l'effort continu pour inventer ces méthodes; le deuxième, c'est l'invention des fractions décimales. C'est précisément pour une application plus aisée de ces méthodes, que les mathématiciens ont été obligés de penser à un autre type de fractions que les fractions à

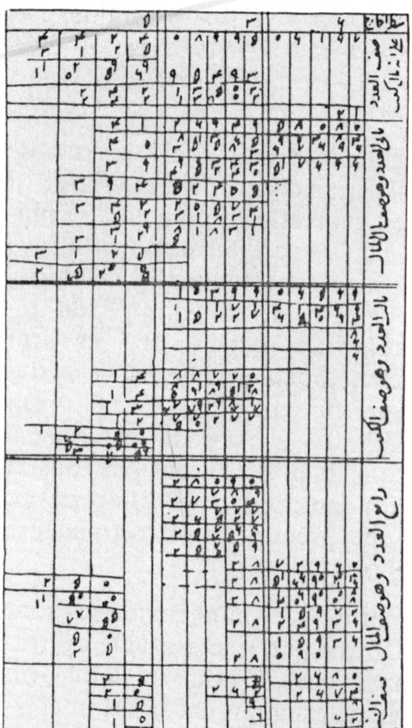

Extraction de la racine 5ième du nombre 44 240 899 506 197

base 60. Cette invention des fractions décimales, maintenant datée du XIIe siècle au plus tard, a profité de manière directe à l'écriture polynomiale en algèbre. C'est dans cette tradition qu'eut lieu l'invention des fractions décimales. Jusqu'à une date très récente, on croyait que l'invention de ces fractions était due au mathématicien flamand S. Stevin. Or on a trouvé la trace de ces fractions chez al-Kāshī, précédemment cité, qui, lui, s'intéressait précisément aux problèmes de l'extraction de la racine $n^{ième}$ et de l'approximation de la racine $n^{ième}$ d'un entier. On a démontré que ces fractions décimales étaient déjà formulées au XIIe siècle; elles ont rendu plus faciles des calculs effectifs, comme par exemple celui du nombre Pi par al-Kāshī, à 10^{-16} près, ce qui est déjà un résultat appréciable.

ÉMILE NOËL En ce qui concerne la théorie des nombres, on peut supposer que les conséquences des progrès de l'analyse numérique seront importantes?

R. RASHED Oui; l'analyse numérique est aussi importante, mais nous n'insistons pas, pour des raisons techniques. Pour la théorie des nombres, les résultats sont importants et issus d'une démarche particulièrement intéressante : le premier départ était l'arithmétique hellénistique; le point d'arrivée sera la théorie des nombres telle qu'elle existe dans la première période de Fermat, c'est-à-dire jusqu'en 1640. On voit apparaître à cette époque la nouvelle analyse diophantienne, un nouveau chapitre de la théorie des nombres (les congruences linéaires) et la recherche d'un critère pour caractériser les nombres premiers.

Nous avons déjà évoqué comment les algébristes ont développé, après la traduction des *Arithmétiques* de Diophante, l'analyse diophantienne rationnelle, c'est-à-dire la résolution en nombres rationnels des équations, ou des systèmes d'équations. Au Xe siècle, d'autres mathématiciens, non algébristes cette fois, mais qui connaissaient parfaitement l'algèbre de l'époque, ont conçu l'analyse diophantienne entière. Ils l'ont d'ailleurs, d'une certaine manière, conçue contre les algébristes. Cette analyse comprenait notamment les triangles rectangles numériques — les triplets pythagoriciens — la représentation d'un entier par une somme de carrés, et l'étude des nombres congruents c'est-à-dire des nombres qui ont le même reste quand on les divise par un entier. Ainsi par exemple, dans les mémoires d'un mathématicien qui s'appelle al-Khāzin, du Xe siècle, ces problèmes se trouvent traités. Au cours de cette étude, on voit apparaître le problème de la résolution d'une équation polynomiale modulo un entier donné. Par exemple, dans l'équation $(x^2 + 1) \equiv 0 \pmod 5$, -1 est un résidu quadratique modulo 5. Comme vous voyez, nous nous trouvons déjà ici sur le terrain de la théorie des congruences. Je n'insisterai pas sur cette tendance, je voudrais simplement dire qu'on trouve déjà énoncé au Xᵉ siècle le premier cas de la conjecture de Fermat, le cas $n = 3$. On trouve une tentative de démonstration que l'équation $x^3 + y^3 = z^3$ n'a pas de solution rationnelle, sauf bien sûr la solution triviale $x = 0$, $y = 0$, $z = 0$.

En ce qui concerne les recherches sur les nombres premiers le théorème de Wilson est à la fois énoncé et démontré au Xᵉ siècle : ce théorème établit un critère pour déterminer si un

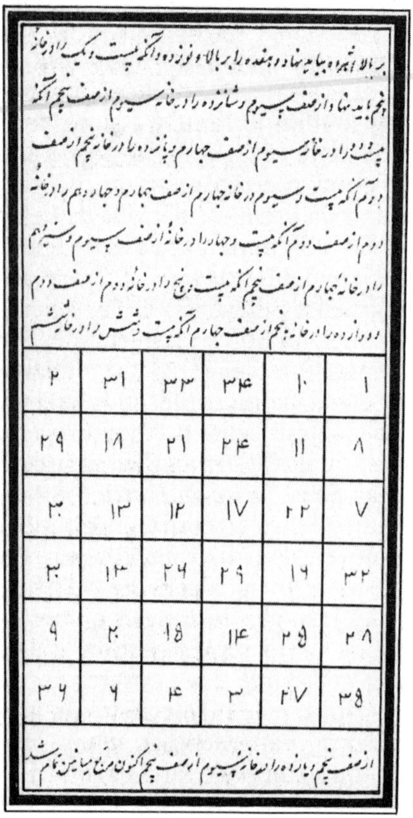

۲	۳۱	۳۳	۳۴	۱۰	۱
۲۹	۱۸	۲۱	۲۴	۱۱	۸
۳۰	۱۳	۱۲	۱۷	۲۲	۷
۳۰	۱۳	۲۶	۲۹	۱۶	۳۲
۹	۲۰	۱۵	۱۴	۲۵	۲۸
۳۶	۶	۴	۳	۲۷	۳۵

Carré magique 6 × 6.

nombre est premier. Reste enfin le dernier chapitre de la théorie des nombres. En partant des *Éléments* d'Euclide et des néo-pythagoriciens, à l'aide de l'algèbre cette fois, les mathématiciens arabes vont changer le contenu de la théorie hellénistique des nombres. C'était à propos des nombres amiables (des nombres sont amiables si la somme des diviseurs propres de l'un est égale à l'autre, et si la somme des diviseurs propres du second est égale au premier : 220 et 284 sont amiables); il fallait élaborer une théorie de ces nombres-là et, à la fin du Xe siècle, Ibn Qurra, dont nous avons déjà cité le nom, donne la première théorie. Un peu plus tard, on a essayé de démontrer, algébriquement cette fois, le théorème d'Ibn Qurra, encore valable en théorie des nombres amiables. Mais pour cela, il fallait reformuler l'ensemble du domaine. C'est à cette occasion qu'ont été énoncés des théorèmes que l'on ne trouve que beaucoup plus tard, ou qu'on attribue à des mathématiciens tardifs. On trouve ainsi le théorème fondamental de l'arithmétique, une première étude des fonctions arithmétiques élémentaires, c'est-à-dire la fonction somme des diviseurs d'un nombre; on trouve divers théorèmes, qui deviendront célèbres sous les noms de mathématiciens comme Descartes, comme Fermat. Les mathématiciens arabes du XIIIe siècle ont calculé les trois premiers couples de nombres amiables.

ÉMILE NOËL On voit quelles ont été les étapes de transformation, comment ont été faites les découvertes dont apparaîtront des résurgences plusieurs siècles après. Entre le IXe et le XIIe siècles, les Arabes ont profondément modifié l'héritage des Grecs.

R. RASHED A partir du IXe siècle, grâce à l'algèbre, on voit surgir et se constituer de nouveaux rapports entre l'algèbre et l'arithmétique. Ceci a donné une rationalité mathématique différente, qui annonce la rationalité des mathématiques classiques, comme elle apparaîtra au XVIe et au début du XVIIe siècles. La rationalité mathématique n'est peut être pas tout : il y a aussi les résultats. Car les résultats et les méthodes ont permis certains progrès dans ces nouveaux champs, instaurés par le nouveau rapport entre arithmétique et algèbre. Pour résumer : on ne peut rien comprendre à l'histoire des mathématiques au XVIe siècle et dans la première moitié du XVIIe siècle, sans ces mathématiques écrites en arabe, que ce soit au plan des résultats, des méthodes, ou de la rationalité mathématique elle-même.

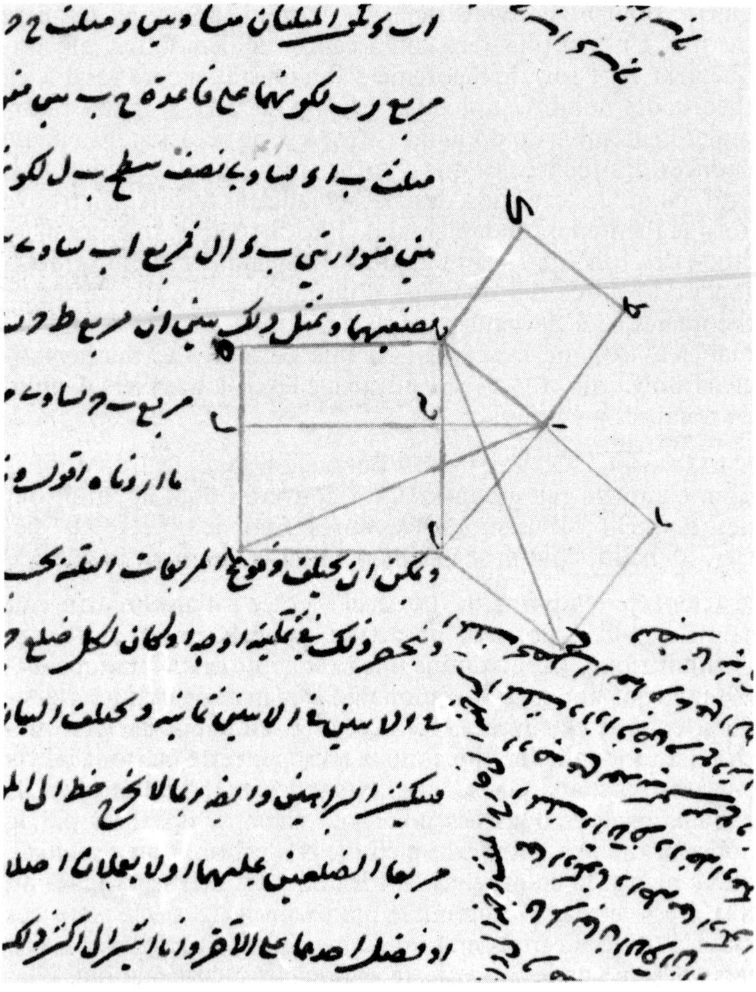

Révision des *Éléments* d'Euclide par Nasīr al-Dīn al Tūsī.

XIV
Les autres disciplines mathématiques

R. Rashed

ÉMILE NOËL Dans les quatre chapitres consacrés aux mathématiques arabes, deux ont traité de l'algèbre, avec les différentes implications que son progrès nous amène à considérer. C'est, en effet, une des créations les plus originales, mais je présume qu'il y a tout de même d'autres disciplines mathématiques héritées des Grecs qui ont survécu, ont été transmises, étudiées et développées.

R. RASHED Bien sûr, tout l'héritage grec était là et effectivement il serait intéressant de prendre au moins un exemple de mathématiques hellénistiques, et de voir comment la science a été assimilée, pour être ensuite objet de nouvelles recherches. Je choisis l'exemple des déterminations infinitésimales. Et là, je reviens encore au IXe siècle, au moment des traductions, pour rappeler que des œuvres d'Archimède ont été traduites en arabe : *De la mesure du cercle; De la sphère et du cylindre.* On a tout lieu de penser que le reste de son œuvre n'était pas traduit en arabe. Les mathématiciens arabes ne pouvaient donc connaître l'idée de somme intégrale supérieure qui se trouve dans les autres œuvres d'Archimède. Ils connaissaient en revanche, par ces traités traduits, ainsi que par la traduction des *Éléments* d'Euclide, la méthode d'exhaustion. Or, le principal résultat, on le verra, est la découverte de ce concept de somme intégrale, et son extension à un degré jamais atteint auparavant. Je commencerai donc par le commencement, c'est-à-dire par l'évocation de ces trois frères célèbres dans l'histoire des mathématiques, les frères Banū Mūsā. L'un de ceux-ci a précisément pris part à la mission envoyée par le calife de Bagdad à Byzance pour collecter les manuscrits scientifiques. Les autres ont composé un livre pour calculer l'aire du disque, le volume de la sphère et sa surface latérale. La méthode est différente de celle d'Archimède. Ils ont également innové en appliquant les opérations algébriques aux grandeurs géométriques. Ils utilisent le même terme pour désigner le produit des segments et celui des entiers, et leurs théorèmes ont tous une allure algébrique. Pour répondre à votre question, on peut dire que, même dans ce domaine classique, traditionnel, on voit la trace de l'algèbre, qui a donné sa couleur à l'ensemble des mathématiques. Le livre a été traduit en latin, et assez tôt. L'élève et collaborateur de ces frères Banū Mūsā le célèbre mathématicien Ibn Qurra (mort en 901) excelle en cette recherche. Il calcule ainsi l'aire de la parabole indépendamment d'Archimède. Ibn Qurra a procédé à un calcul équivalent à $\int_a^b \sqrt{x}\, dx$. Le même Ibn Qurra étudie ensuite le paraboloïde, c'est-à-dire la figure engendrée par la rotation de la parabole autour de son axe. Il étudie enfin, de façon approfondie, l'ellipse et le cylindre. C'est à propos de ces deux dernières études qu'il développe encore davantage les méthodes infinitésimales. Il démontre ainsi, grâce à ces méthodes, que l'aire d'une ellipse dont les demi-axes sont a et b est égale à l'aire d'un cercle de rayon $\sqrt{ab}$. Il détermine l'aire d'un segment elliptique, et l'aire de la surface comprise entre deux sections planes quelconques d'un cylindre circulaire oblique. Ce dernier résultat équivaut à réduire une intégrale elliptique à une autre.

ÉMILE NOËL Ce procédé est utilisé parce qu'on n'a pas encore élaboré le calcul différentiel et intégral. C'est une façon approchée de calculer des aires complexes.

R. RASHED Il ne s'agit pas encore du calcul différentiel et intégral; on verra d'ailleurs tout à l'heure pourquoi on ne pouvait pas arriver à ce calcul. Pour le moment, au moyen des partitions des intervalles, on est en train d'approcher la mesure des aires ou des volumes.

ÉMILE NOËL Jusqu'où se prolonge ce type de travail et vers quelle extension, quelles applications?

R. RASHED Pour l'évolution intrinsèque, nous venons de voir la contribution d'Ibn Qurra; encore une fois, il ne s'agit pas simplement de résultats, mais aussi de nouveaux concepts, créés par lui et immédiatement empruntés par les autres mathématiciens. Notons seulement les concepts de transformations affines et de transformations équi-affines. Mais pour comprendre d'une manière intrinsèque l'évolution de ce chapitre, je rappelle que Ibn Qurra, pour démontrer son théorème concernant la parabole, a eu besoin de 20 lemmes ; et de 35 lemmes pour le paraboloïde. Ses successeurs immédiats ont essayé de les réduire, à l'aide, précisément, des concepts qu'il avait lui-même inventés. Ainsi son petit-fils, mort en 946, Ibrāhîn Sinān, a-t-il réduit le nombre de lemmes à deux pour la parabole. Et un autre mathématicien de Bagdad, al-Qūhī, a réduit le nombre de lemmes à deux pour le paraboloïde.

ÉMILE NOËL Qu'est-ce qu'un lemme ?

R. RASHED Un lemme, c'est une proposition préliminaire, nécesaire pour démontrer le théorème qui viendra ensuite.

ÉMILE NOËL Et moins il y a de lemmes, plus la démonstration est efficace ?

R. RASHED Bien sûr, elle est plus élégante et plus directe. Revenons au grand physicien et mathématicien plusieurs fois cité, Ibn al-Haytham (Alhazen), mort en 1040. Il reprend l'ensemble de ces études et recalcule, entre autres, le volume du paraboloïde, mais cette fois engendré par la rotation d'une parabole autour d'une ordonnée. C'est un calcul assez complexe, équivalent à celui de $\int_0^a x^4 \, dx$. Ce résultat est d'ailleurs attribué à Cavalieri, et à Kepler plus tard.

ÉMILE NOËL Plusieurs siècles plus tard !

R. RASHED C'est à l'occasion de ce calcul que Ibn al-Haytham engage l'une des plus profondes discussions connues sur la démonstration par réduction à l'absurde. C'est lui encore qui donne l'exposé le plus important et le plus étendu, avant le XVIIe siècle, sur la théorie élémentaire des isopérimètres. Cette théorie continuera à intéresser les autres mathématiciens, par la suite.

Pour le calcul du volume du paraboloïde, Ibn al-Haytham calcule les sommes du type :

$$\sum^{n} i^4 = \left(\frac{n}{5} + \frac{1}{5}\right) n \left(n + \frac{1}{2}\right) \left[(n+1)\, n - \frac{1}{3}\right]$$

Là s'arrête la contribution des mathématiciens arabes à ce chapitre. Ils ont sans aucun doute commencé à prendre le bon chemin, c'est-à-dire à se débarrasser, relativement, de l'interprétation géométrique des opérations algébriques, ce qui les a aidés à déduire des règles arithmétiques nouvelles, nécessaires au calcul des aires et des volumes. Ils avaient un concept du nombre plus étendu. Rappelons qu'al-Bīrūnī, mort en 1048, considérait déjà Pi comme un nombre, mais il manquait un symbolisme algébrique plus efficace, et la connaissance d'un plus grand nombre de courbes et de fonctions, et de leurs propriétés, pour que l'effort puisse se poursuivre, et que, comme vous l'avez rappelé tout à l'heure, la recherche sur les déterminations infinitésimales devienne une recherche sur le calcul différentiel et intégral. Pour en arriver là il fallait attendre la deuxième partie du XVIIe siècle.

ÉMILE NOËL Cette recherche des déterminations infinitésimales représente donc aussi une part importante du travail mathématique en langue arabe, même si l'algèbre reste la véritable invention. Quels autres points de l'héritage hellénistique retiennent l'attention?

R. RASHED J'insiste quand même sur le fait que la recherche sur les déterminations infinitésimales était très importante, à la fois pour elle-même, mais aussi pour l'algèbre, parce que les mathématiciens arabes ont envisagé les transformations affines. Or cette notion était fondamentale pour le progrès de l'algèbre elle-même et parce que al-Tūsī a justement utilisé ce concept de transformation affine pour la théorie des équations algébriques. Quant aux autres disciplines mathématiques, elles se développent de façon tout aussi substantielle. C'est le cas par exemple de tous les problèmes posés par les *Éléments* d'Euclide et par les *Coniques* d'Apollonius, et aussi le cas du 5e postulat, de la théorie des parallèles. Très rapidement, dès le IXe siècle, la théorie des parallèles a été l'objet d'une recherche continue. Je rappelle les noms souvent cités, dont certains sont cités en latin : Jawahrī, Nayrīzī, Ibn Qurra, Ibn al-Hyatham (Alhazen), al-Khayyām, Nasīr al-Dīn al-Tūsī, entre autres, travaillèrent successivement à la théorie des parallèles. Parmi eux, certains furent traduits en latin, et les travaux de Khayyām et Tūsī étaient connus de Saccheri et de Wallis. Les idées de ces mathématiciens ont contribué au développement de la théorie des parallèles, et ainsi à la préhistoire de la géométrie non-

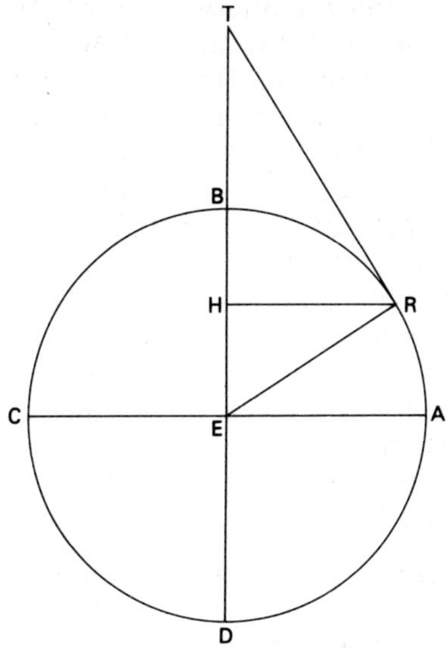

Solution d'un problème d'algèbre par al-Khayyām. Le problème consiste à trouver le point R sur l'arc AB tel que :
AE/RH = EH/HB
Supposons que dans le triangle ERT, ET = ER + RH. Alors dans le triangle rectangle ERT l'hypoténuse est égale à la somme d'un des côtés (ER) et de la hauteur (RH). Al Khayyām prend la hauteur du triangle égale à x et l'hypoténuse égale à 10. Alors la longueur x est solution de l'équation
$x^2 + 200\,x = 20\,x^2 + 2\,000$
et Al Khayyām trouve x par l'intersection de deux coniques.

euclidienne. Cela dit, il faut être précis; savoir si la géométrie non euclidienne est liée à sa propre préhistoire est une question sur laquelle je ne voudrais pas m'engager ici.

ÉMILE NOËL Il y a aussi dans les mathématiques hellénistiques un travail sur les proportions qui a dû avoir un écho dans la pratique des savants arabes?

R. RASHED C'est absolument exact, dans la mesure où la théorie des proportions, celle d'Eudoxe, telle qu'elle se présente dans les *Éléments* d'Euclide, a posé aux mathématiciens arabes exactement les mêmes problèmes que la théorie des parallèles. Ces travaux ont été engagés en partie grâce à l'extension de la notion de nombre que je rappelais tout à l'heure : les irrationnels algébriques sont devenus des nombres, et non plus seulement des grandeurs géométriques, comme dans la tradition hellénistique, aussi les mathématiciens ont été conduits à reprendre la théorie d'Eudoxe. C'est au cours de la deuxième moitié du IVe siècle que al-Māhānī, Ibn Qurra, al-Nayrīzī, Ibn al-Haytham, al-Khayyām ont développé une conception fondée sur les fractions continues. Il s'agit, vous le voyez, des mêmes noms que tout à l'heure.

Dans leur conception, le rapport de deux nombres *a* et *b* est rationnel si son développement en fraction continue est fini; sinon il est irrationel. D'autre part, si deux rapports ont les mêmes développements en fractions continues, ils sont égaux, sinon ils ne le sont pas. Al-Khayyām notamment, au XIe siècle, a démontré plusieurs théorèmes, dont celui de l'équivalence de la définition, par Eudoxe, de l'égalité des rapports et de la définition à partir des fractions continues de la même notion d'égalité de rapports.

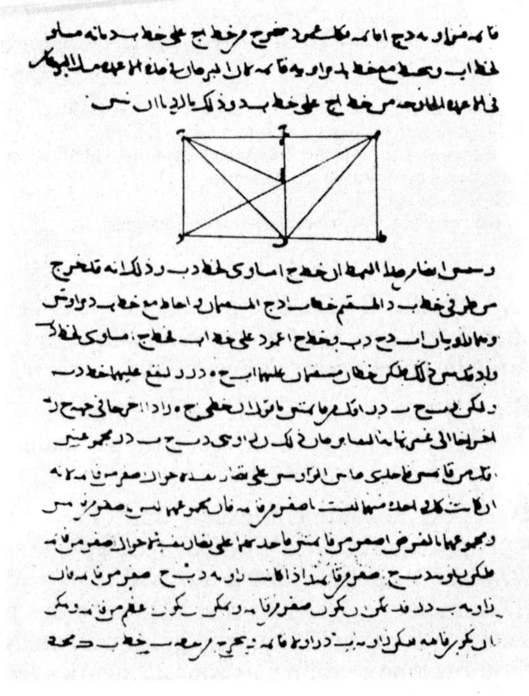

Démonstration de la proposition sur le quadrilatère à trois angles droits d'al-Haytham (manuscrit de Kasan).

ÉMILE NOËL Dans ce panorama des différentes parties des mathématiques hellénistiques qui ont cheminé jusque dans la culture arabe, où elles ont été traitées, utilisées, développées, il ne faudrait pas oublier la trigonométrie, ni ses rapports avec l'astronomie.

R. RASHED Pour l'astronomie, l'histoire est différente, parce qu'il y a eu les traductions, l'assimilation, les réformes, mais pour la trigonométrie, tout a commencé lorsqu'on a libéré le domaine de la dépendance d'un quadrilatère entier, pour le remplacer par un simple triangle. C'est là que réside la première étape de la constitution de la trigonométrie. L'étude du triangle plan et du triangle sphérique est l'œuvre des mathématiciens arabes ; c'est un fait incontestable. La théorie trigonométrique a été développée en relation directe avec les besoins de l'astronomie ; c'était là un thème d'exercice pour l'astronome.

ÉMILE NOËL C'est précisément un des lieux d'application de la trigonométrie.

R. RASHED En 1260, Nasīr al-Dīn al-Tūsī coupe, pour ainsi dire, les liens avec l'astronomie et pour la première fois dans l'histoire, la trigonométrie devient une discipline purement mathématique, indépendante des besoins des astronomes.

ÉMILE NOËL On pourrait sans doute encore multiplier les exemples et prendre en compte d'autres secteurs où les mathématiques arabes ont été la source de progrès décisifs. Ce qui me paraît le plus important, au travers de tout ce que vous nous avez dit, c'est la percée considérable vers une plus grande abstraction ; le cas de la trigonométrie devenant discipline autonome en est une illustration exemplaire. C'est sans doute avec l'algèbre que cette avancée dans l'abstrait est à son point culminant ?

R. RASHED Si vous voulez dire qu'il y a eu une algébrisation un peu « rampante » des différentes disciplines, c'est vrai ; et c'est ce qui donne cette allure d'abstraction. Cette algébrisation réussissait parfois, quand les conditions pour ainsi dire objectives le permettaient, mais parfois, comme on l'a vu pour les déterminations infinitésimales, elle s'arrêtait à un certain seuil, parce que précisément il aurait fallu aller beaucoup trop loin en algèbre pour transformer les déterminations infinitésimales en calcul différentiel et intégral. Vous avez cependant tout à fait raison de dire que c'est l'aspect qui se dégage.

ÉMILE NOËL Que peut-on dire, en guise de résumé, de l'apport des mathématiques arabes au progrès de la science mathématique?

R. RASHED Il y a plusieurs apports : par les résultats, par l'intense activité mathématique qu'ils expriment. Tout d'abord, cette activité n'a pas simplement développé l'ancienne mathématique, mais a créé une autre mathématique, à partir de l'algèbre, et de nouveaux rapports établis entre cette algèbre et l'arithmétique, d'une part, et la géométrie, d'autre part. Ensuite, on a ainsi assisté à la constitution de disciplines totalement nouvelles, l'algèbre, l'analyse combinatoire, les débuts de la géométrie algébrisée, la trigonométrie. L'apport est aussi au plan des méthodes, comme nous l'avons évoqué tout à l'heure. Le résultat final qui se dégage de tout cela, c'est que, de même qu'il est impossible de comprendre ces mathématiques arabes sans les mathématiques hellénistiques, il est également impossible de comprendre les mathématiques des XVIe et XVIIe siècles sans les mathématiques arabes. Sinon, on ne comprendra jamais pourquoi l'algèbre, pourquoi l'analyse combinatoire, pourquoi la trigonométrie... étaient aux XVe-XVIe siècles en pleine activité. Nous comprenons mieux ainsi, indépendamment de l'activité intrinsèque des mathématiques arabes, les racines de la science classique. Nous constatons également la solidarité de l'activité mathématique dans la civilisation méditerranéenne. On change de langue, mais pas d'activité, et encore moins de normes rationnelles. On invente une nouvelle rationalité, certes, mais autour de ce bassin méditerranéen, foyer où les différentes influences viennent se concentrer, on est en train de se passer la main l'un à l'autre. Parfois, l'échange est contemporain, parfois les prédécesseurs sont en avance sur les successeurs. L'histoire des progrès linéaires n'expliquera jamais rien, et surtout n'expliquera jamais profondément ni correctement. Pour les mathématiques arabes elles-mêmes et, là, je conclus, si l'on veut comprendre cette activité intense, il est impossible de ne penser ni à l'optique, ni à l'astronomie, ni à la statique, qui fournissaient à la fois le matériau, l'intérêt, et parfois même, du moins en partie, les problèmes de ces mathématiques.

ÉMILE NOËL En fait, lorsque les mathématiques hellénistiques ont été traduites en langue arabe, il y avait une telle effervescence que les conséquences des progrès ont atteint tous les domaines et toutes les disciplines.

XV
Le Moyen Age

L'héritage

Guy Beaujouan

ÉMILE NOËL On s'accorde généralement pour admettre, comme début du Moyen Age occidental, le Ve siècle. Que sont donc les mathématiques en Occident à cette époque? Ont-elles une vie originale ou ne sont-elles que des traces héritées de la destruction de l'Empire romain?

GUY BEAUJOUAN Il faut bien reconnaître que, au moment où les grandes invasions barbares submergent l'Empire romain, l'héritage mathématique accessible est misérable. La science romaine tardive avait été très indigente en mathématiques, du fait que les grands chefs-d'œuvre de la mathématique grecque n'étaient pas traduits en latin, du fait aussi d'une excessive sujétion aux techniques utilitaires; et enfin du fait d'une lente contamination par les ésotérismes orientaux et le néoplatonisme. Dans la période tout à fait sombre qui va du Ve au Xe siècle, surnagent quelques épaves des agrimenseurs romains, le comput manuel lié au comput ecclésiastique enseigné par Bède, et surtout l'arithmétique de Boèce avec ce qu'elle enseigne sur l'arithmologie, sur les proportions, sur l'harmonie. Cette arithmétique est privilégiée dans la mesure où elle sert d'introduction à la musique, elle-même auxiliaire du culte divin. De plus les gens du Moyen Age ont constamment présent à l'esprit ce passage de la Bible (au livre de la *Sagesse* XI, 21) où il est dit à la louange de Dieu : « Tu as tout disposé selon la mesure, le nombre et le poids. » Dès lors, l'arithmologie de Boèce apparaît non seulement comme une aide pour l'explication de la Bible mais aussi comme une sorte d'introduction à la compréhension du Verbe divin. Je pense à ce que disait, à l'époque carolingienne, Raban Maur : Dieu a créé le monde en six jours parce que le nombre 6 est parfait, mais même s'il l'avait créé autrement, 6 n'en resterait pas moins parfait puisqu'il est égal à la somme de ses parties aliquotes (6 = 3 + 2 + 1).

Une curiosité apparaît dans ce désert mathématique du Haut Moyen Age : les fameuses propositions d'Alcuin pour rendre les jeunes gens intelligents *(Propositiones ad acuendos juvenes).* Nous avons là quelque chose d'isolé à l'époque, mais qui, presque autant qu'à des exercices mathématiques, peut faire penser à des jeux de société, comme ce fameux problème des trois couples dont les maris sont à la fois jaloux et luxurieux et qui doivent traverser une rivière en ne disposant que d'une barque contenant seulement deux personnes. Il est d'ailleurs remarquable que, dans le texte attribué à Alcuin, il n'est pas question de maris, mais de frères défendant l'honneur de leur sœur.

ÉMILE NOËL Ainsi jusqu'au Xᵉ siècle, dites-vous, les mathématiques du Moyen Age sont assez indigentes, mais on sait bien que la mathématique grecque et la science arabe ont pénétré en Europe. Alors à partir de quel moment et avec quel effet?

GUY BEAUJOUAN La pénétration se produit à partir de la fin du Xᵉ siècle, mais il faut bien comprendre que cette transfusion de savoir s'est étalée sur plusieurs siècles et selon des modalités qui ont profondément changé au cours des temps. De la fin du

Description par le moine anglo-saxon dit *Bède le Vénérable* d'une manière de compter avec les doigts.

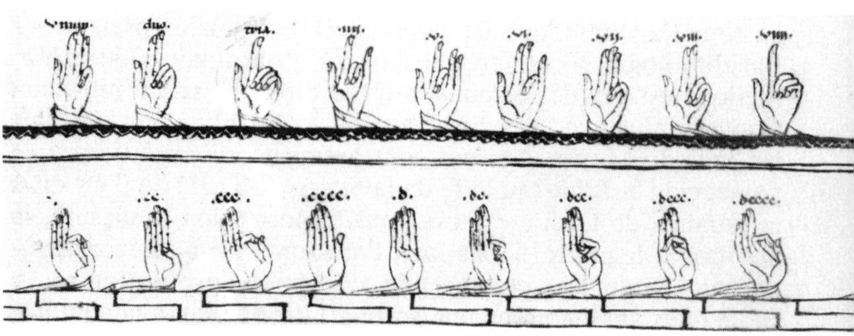

Xᵉ siècle à la fin du XIᵉ siècle, il s'agit d'influences s'exerçant un peu comme se transmet une technique artisanale. A partir du XIIᵉ siècle, au contraire, c'est un déferlement de textes traduits, d'où une modification de la pédagogie qui devient, dès lors, beaucoup plus livresque.

La première phase est évidemment représentée par le cas, tout à fait privilégié, de Gerbert d'Aurillac, devenu pape en 999 (sous le nom de Sylvestre II) et mort en 1003. Lorsqu'il avait un peu plus de 20 ans, dans les années 967/970, Gerbert a été envoyé en Catalogne; il ne semble pas s'être aventuré dans la partie de l'Espagne alors soumise à la domination musulmane. Indirectement donc, sans toujours parfaitement comprendre, il a été en contact avec la science islamique, avec les chiffres arabes, avec des instruments astronomiques comme l'astrolabe. Rentré en France, il est devenu écolâtre à Reims. N'ayant pas réellement rapporté d'Espagne des traductions latines de textes scientifiques arabes, il a en quelque sorte essayé de réinventer, à Reims, la science musulmane dont il avait, en Espagne, acquis quelques bribes. C'est ainsi qu'on le voit fabriquant son abaque (c'est-à-dire une grande table à colonnes ne nécessitant pas l'utilisation du zéro) et faisant figurer sur des jetons en bois ou en corne nommés *apices,* les nouveaux chiffres arabes. Ces chiffres étant transmis de manière artisanale, ils s'avéraient difficiles à reconnaître : on les retrouve dessinés dans les manuscrits, tantôt à l'endroit, tantôt de côté, tantôt à l'envers. Cette aventure de Gerbert se poursuit, tout au long du XIᵉ siècle, chez ses disciples, dans le cadre d'une pédagogie pour nous assez surprenante du fait de son caractère instrumental. Il faut bien comprendre, en effet, que l'enseignement de ce qu'on appelle alors le *quadrivium* (l'arithmétique, la géométrie, l'astronomie

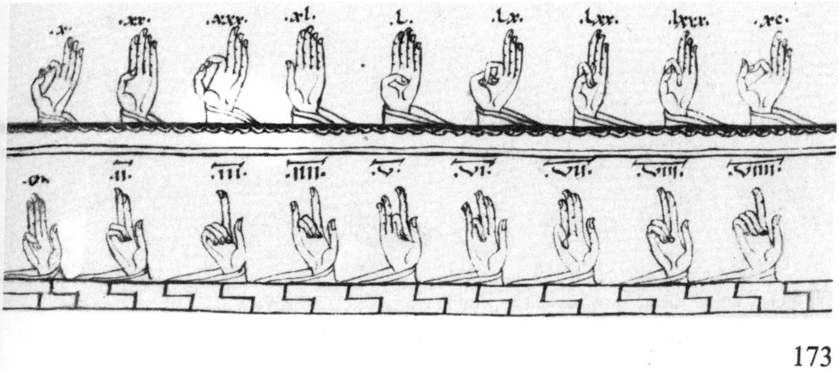

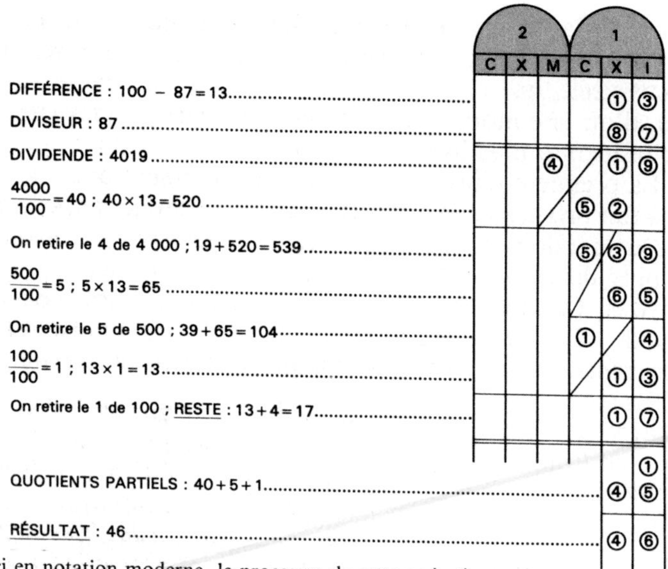

Voici en notation moderne, le processus de cette opération :

$$\frac{4\,019}{100-13} = \frac{4\,000}{100} + \frac{4\,000 \times 13}{100\ (100-13)} + \frac{19}{100-13} = 40 + \frac{(40 \times 13) + 19}{100-13} = 40 + \frac{539}{100-13}$$

Or :

$$\frac{539}{100-13} = \frac{500}{100} + \frac{500 \times 13}{100\ (100-13)} + \frac{39}{100-13} = 5 + \frac{(5 \times 13) + 39}{100-13}$$

Exemple de division par différence par la méthode de l'abaque de Gerbert.

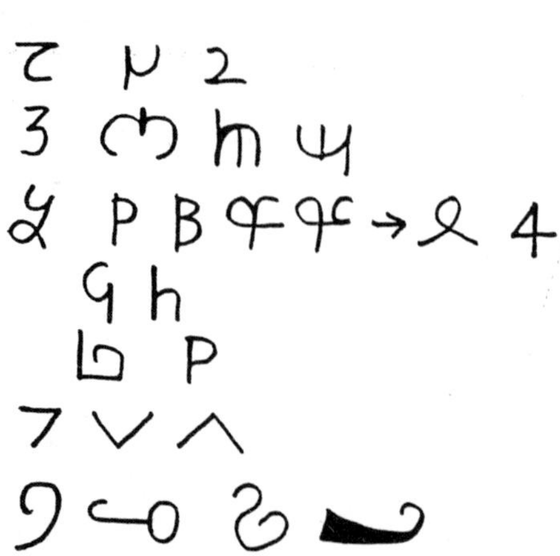

Les *apices* du XIᵉ siècle sont parfois reproduits de côté ou à l'envers.

et la musique) n'est pas tellement dépendant de textes; il est lié à l'emploi de la main, que ce soit la main du computiste ou la main harmonique du musicien. Il est lié aussi à toute une série d'instruments pédagogiques comme l'abaque déjà mentionné, le jeu de rytmomachie pour apprendre l'arithmétique spéculative (c'est une sorte de jeu d'échecs très complexe opposant les nombres pairs et les nombres impairs), le monocorde pour étudier la théorie musicale, l'astrolabe, le quadrant, les sphères, etc., pour s'initier à l'astronomie.

Il est évident que, comme je l'indiquais précédemment, l'afflux massif de manuels structurés traduits de l'arabe va fondamentalement changer cette situation à partir du XIIe siècle.

ÉMILE NOËL Je crois qu'il est temps de regarder, d'un peu plus près, les grandes traductions exécutées à partir du XIIe siècle pour savoir ce qu'elles transmettent. D'abord sont-elles effectivement exhaustives? Ensuite, les contemporains ont-ils compris le message mathématique que ces traductions contenaient? Comment étaient les manuscrits, comment étaient les textes? Est-ce qu'ils étaient complets, est-ce qu'il y avait des choses qui s'étaient déformées, qui avaient été perdues? Enfin est-ce qu'il n'y avait pas aussi des problèmes de vocabulaire?

GUY BEAUJOUAN Le XIIe siècle, âge des traductions, constitue, dans l'histoire de la culture, une période très importante. La situation semble paradoxale : c'est, en effet, après avoir fait tout le tour de la Méditerranée, que la science grecque arrive enfin en Occident. Elle y parvient, du reste, largement fécondée par des apports iraniens, indiens et arabes : la chose a été expliquée dans les chapitres précédents. Mon dessein n'est pas ici d'infliger aux lecteurs la très longue litanie des textes traduits. Tout au plus évoquerai-je l'arithmétique et l'algèbre d'al-Khwārizmī, les notions de trigonométrie véhiculées avec les tables astronomiques, les nombreuses versions des *Éléments* d'Euclide, certains textes archimédiens, en particulier le traité d'Archimède sur la mesure du cercle. Mais plutôt que d'étaler cette bibliographie, peut-être est-il plus utile d'attirer l'attention sur ce qui n'est pas passé de l'arabe au latin. Je citerai, par exemple, les *Arithmétiques* de Diophante avec leurs très habiles résolutions d'équations, les discussions arabes sur le postulat des parallèles, la résolution des équations du troisième degré par Omar Khayyam, et sans doute aussi les *Coniques* d'Apollonius, dont on ne connaissait que quelques courts extraits grâce à l'optique d'Alhazen. Il serait cependant injuste de reprocher à l'idéologie de la Chrétienté la non-réception de ces hauts niveaux de la mathématique arabe. La faute en revient sans doute à ce vivier de traducteurs qu'était l'Espagne musulmane. Il faudrait analyser dans l'Islam de la péninsule ibérique les conditionnements historiques et idéologiques relativement peu favorables aux formulations les plus abstraites de la mathématique. Il faut bien penser aussi que les textes transmis l'ont parfois été de façon incomplète et même déformée. On peut citer en exemple le cas de la version la plus répandue des *Éléments* d'Euclide, celle dérivée d'Adélard de Bath et reprise par Campanus de Novare. On y constate que, si les propositions elles-mêmes sont bien respectées, les démonstrations se retrouvent souvent simplifiées, rendues moins abstraites et plus largement ouvertes à des considérations qu'on pourrait dire « métamathématiques » ou philosophiques.

Un autre point sur lequel vous m'interrogiez est celui du vocabulaire, qui posait évidemment des difficultés aux traducteurs, dans les secteurs restés étrangers à la pensée latine de l'Antiquité tardive. Tout un chacun sait et voit bien que des mots comme algèbre ou *almucabala* sont des calques des mots arabes correspondants. On risque, en revanche, de mésestimer le rôle des traducteurs pour des mots apparemment plus innocents comme *radix* (la racine), *census* (le carré de l'inconnue), *surdus* (sourd pour l'irrationnel, selon une terminologie qui subsiste encore aujourd'hui en anglais), *sinus,* la fonction trigonométrique, etc. De tels mots sont la traduction immédiate de l'acception la plus courante du mot technique arabe correspondant : c'est en vain, évidemment, qu'on chercherait ces mots, avec leur sens mathématique, dans des dictionnaires du latin classique.

ÉMILE NOËL Voilà une masse importante de textes qui sont traduits, qui présentent les défectuosités ou les pièges que vous venez de signaler. Comment est-ce que ces textes ont été reçus? En d'autres termes, est-ce qu'ils ont été purement et simplement appliqués ou est-ce qu'il y a eu, de la part de ceux qui les ont reçus, une interprétation ou une réaction?

GUY BEAUJOUAN La réception n'a pas été seulement passive. Je n'entre pas, pour l'instant, dans l'évocation des points à partir desquels la mathématique médiévale a fait preuve d'originalité : nous les verrons dans le chapitre suivant. Je me contenterai, quant à présent, de prendre deux exemples permettant de bien caractériser cette réception de la science arabe. Ces deux exemples, je les emprunte, de préférence, à des secteurs inconnus de la science antique : il s'agit des nouvelles techniques du calcul et de la trigonométrie. Pour ce qui est des techniques du calcul les plus couramment utilisées au Moyen Age, ce sont celles apprises grâce aux manuels d'arithmétique issus d'al-Khwārizmī, d'où le mot d'algorisme par lequel est désigné, au Moyen Age, ce type d'arithmétique. Ces procédés de calcul sont fondamentalement différents de ceux enseignés par Gerbert au Xᵉ siècle, lorsqu'il maniait ses *apices* sans zéro sur sa table à colonnes. Pour l'algorisme, il s'agit d'un calcul effectué sur le sable ou la poussière avec l'utilisation du zéro et avec la possibilité d'effacer. Cette possibilité d'effacer présente un double avantage : celui d'éviter l'appel à la mémoire qu'implique notre système des retenues et l'avantage aussi d'éviter des erreurs à des écoliers non encore parfaitement familiarisés avec

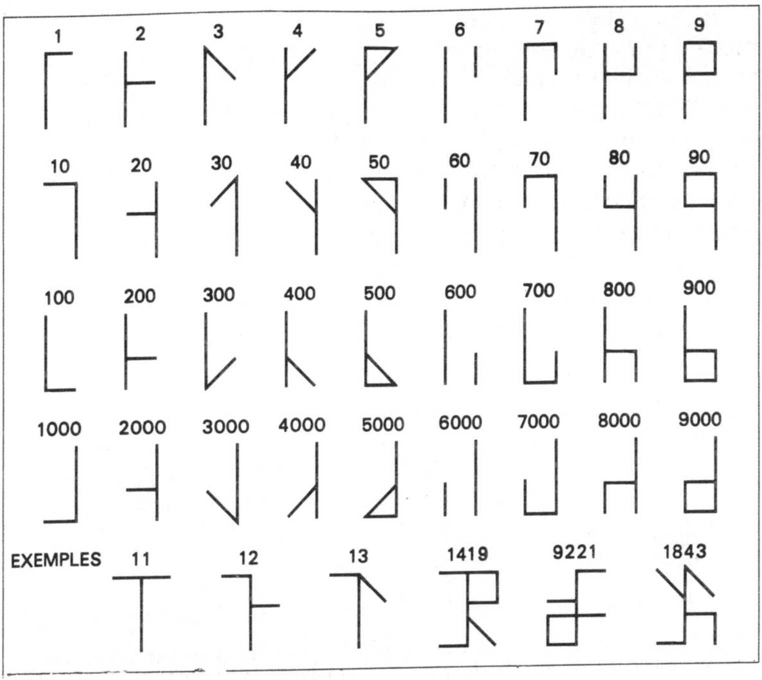

Numérotation au Moyen Age.

le système de position. La possibilité d'effacer permet en effet de déplacer, cran par cran, par exemple, le multiplicateur ou le diviseur dans les opérations correspondantes.

ÉMILE NOËL On applique le système décimal, à cette période ?

GUY BEAUJOUAN La numération est évidemment décimale. Le problème qui se pose est celui des fractions décimales qui apparaissent au cours de certaines opérations comme, par exemple, l'extraction des racines ; mais elles apparaissent, si j'ose dire, de manière instable. J'entends par là que, la plupart du temps, dès leur apparition, elles sont immédiatement converties en fractions sexagésimales ou en fractions ordinaires.

Face à ce type d'algorisme qui, par l'intermédiaire d'Alexandre de Villedieu et de Jean de Sacrobosco, s'est longtemps maintenu dans l'enseignement des universités, est apparu

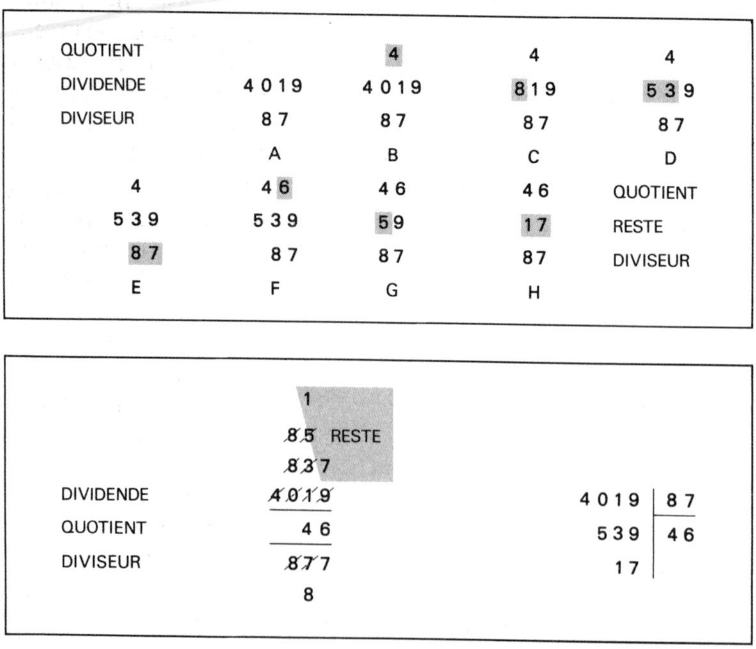

En haut un exemple de division sur la table couverte de poussière (algorismes du XIIIe siècle), en bas une division écrite sur papier telle qu'on la trouve dans les arithmétiques des XVe et XVIe siècles. A droite la même opération par la méthode moderne.

un autre type de calcul qui est le calcul écrit sans effacer. Ce calcul est diffusé par les arithmétiques commerciales et il gagne de plus en plus de terrain contre le calcul en effaçant : ceci se produit au fur et à mesure que le papier se répand davantage et devient financièrement accessible. Entre ces deux systèmes contradictoires, liés à des classes sociales différentes (d'un côté les universitaires pour le calcul en effaçant, de l'autre les marchands pour le calcul écrit à la plume), les hommes du Moyen Age ont fait preuve d'une très grande imagination et il faudrait un très long exposé pour pouvoir présenter l'extraordinaire variété qu'ont connue, au Moyen Age, les diverses manières d'effectuer les opérations.

Même si le cas du calcul est davantage lié à la matérialité de l'exécution des opérations qu'à des principes mathématiques élevés, cet exemple montre bien à quel point la réception de la science arabe n'est pas une réception passive. L'autre exemple que j'ai évoqué tout à l'heure, est celui de la trigonométrie. Elle a été introduite, en Occident, moins par des traités théoriques que par les canons des grandes tables astronomiques, notamment les tables de Tolède. Ce serait cependant une erreur de croire que, entre les traductions du XIIe siècle et les travaux trigonométriques de Peurbach et de Regiomontanus à l'aube de la Renaissance, il ne s'est rien passé. Pour me limiter à la France, je pourrais évoquer le cas du Juif provençal de la première moitié du XIVe siècle, Levi ben Gerson. Non seulement il a inventé le bâton de Jacob, plus tard utilisé par les marins sous le nom d'arbalète ou d'arbalestrille mais aussi, en rapport avec cette invention, il a établi des tables de sinus tout à fait précises et en progrès sur celles de ses prédécesseurs. Dans la Chrétienté elle-même, à Paris au début du XVe siècle, je pense à un constructeur d'instruments astronomiques, qui était aussi chanoine de Notre-Dame, et qui, du reste, a eu des ennuis pour collaboration avec l'ennemi anglais : ce Jean Fusoris a établi des tables de sinus extrêmement minutieuses. Tandis que les tables de son prédécesseur allaient seulement jusqu'à la seconde fraction sexagésimale du rayon, les tables de Fusoris, elles, vont jusqu'à la sixième fraction sexagésimale du rayon; elles sont calculées grâce à une formule donnant la corde d'un arc médian entre deux arcs de corde connue. Dès le XVIIe siècle, un homme aussi savant et cultivé que Gassendi a rendu hommage à Fusoris.

L'originalité va parfois se situer où on ne l'attend pas. En 1464, un certain Jean de Bosnia diffuse, dans la région de

Valence en Espagne, un curieux instrument qu'Emmanuel Poulle qualifie d'équatoire mathématique. Il s'agit d'une sorte de quadrant doué d'un fin quadrillage grâce auquel l'astronome peut manuellement matérialiser la suite de calculs trigonométriques difficiles qui permettent de trouver le vrai lieu d'une planète selon le système de Ptolémée. En bref, même lorsqu'il ne s'agit pas d'inventions d'une très grande originalité, on peut dire que l'apport arabe n'a pas été reçu passivement par les hommes du Moyen Age.

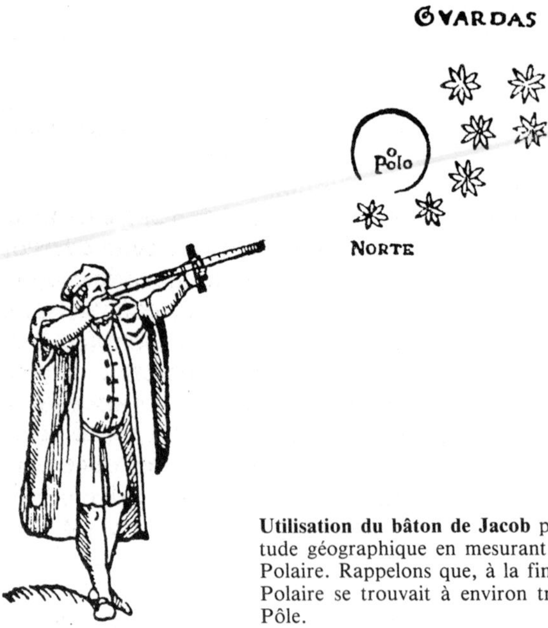

Utilisation du bâton de Jacob pour déterminer la latitude géographique en mesurant la hauteur de l'Étoile Polaire. Rappelons que, à la fin du XVe siècle, l'Étoile Polaire se trouvait à environ trois degrés et demi du Pôle.

ÉMILE NOËL Ces différentes techniques de calcul, de calcul arithmétique ou de calcul trigonométrique, en dehors des universitaires et des marchands, ont dû être aussi utilisées dans certaines autres disciplines : je pense bien sûr aux astronomes, mais aussi aux architectes ?

GUY BEAUJOUAN On a dit énormément de bêtises sur les secrets des maîtres d'œuvre médiévaux. Deux observations techniques peuvent être faites. La première c'est que, au moment où était envisagée la construction d'un édifice reli-

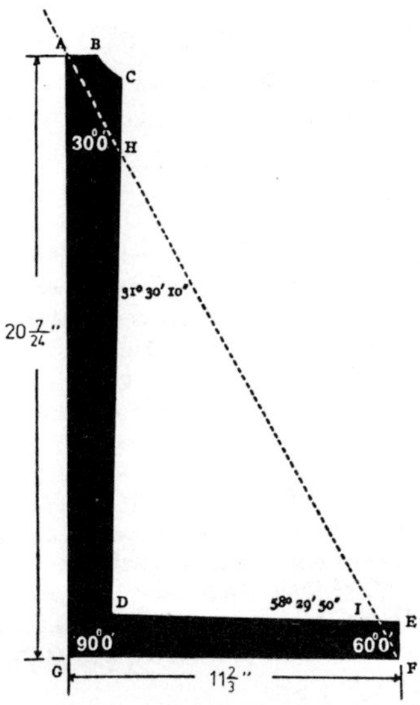

La fausse équerre du tombeau de l'architecte Hugues Libergier.

gieux, était choisi un module, une mesure de base elle-même subdivisée en six parties. Il est bien évident que cette décision initiale comportait l'apparition d'un certain nombre de proportions simples dans les édifices médiévaux. La question plus mystérieuse est évidemment celle liée au fait qu'un certain nombre d'historiens d'art prétendent retrouver le nombre d'or dans les cathédrales. Il est peu vraisemblable que sa présence éventuelle soit directement due à des calculs. En revanche, au cours de ces dernières années, des recherches ont été faites concernant les équerres utilisées par les architectes médiévaux. Il s'agit de fausses équerres n'ayant pas d'hypoténuse, mais dotées de deux bras souvent d'inégales largeurs, deux bras surtout aux bords non parallèles. On suppose que si l'on tendait une corde à la place de l'hypoténuse, ces équerres fournissaient non seulement les angles de 90, 60 et 30 degrés, mais aussi un certain nombre d'angles caractéristiques comme l'angle de 36° ou encore, et surtout, l'angle formé par la diagonale d'un rectangle dont les deux côtés seraient selon la proportion du nombre d'or. On peut voir, à Reims, le tombeau de l'architecte du milieu du XIIIe siècle Hugues Libergier. Sur sa pierre tombale, a été gravé le contour de son équerre. On constate que cette équerre, à 12 minutes près, correspond à ces équerres dites du nombre d'or, dont l'utilisation explique peut-être certaines sophistications des proportions dans les édifices religieux du XIIIe siècle.

Pour tripler ung quarre ou pour mettre troys quarrez en ung par geometrie. Fais une ligne de la longueur des troys quarrez pourveu quilz soient egaulx et a lune des extremitez dicelle fais une ligne orthogonale de longueur indeterminee. Et ou reste ou est celle ligne orthogonale adiouste a la premiere ligne la longueur du quarre que lon veult tripler ou de lung des troys que lon veult reduyre en ung. Et puis sus celle ligne pourtraye ung 1/2 cercle. Et ou point que lart du 1/2 cercle trenchera la ligne orthogonale jusques au commancement quelle prant a la premiere ligne est le long et le large du quarre contenant le triple du premier quarre que lon vouloit tripler ou autant que les troys quarrez que lon vouloit mettre en ung.

Exemple. Soit la longueur des troys quarrez que lon veult mettre en ung. a. b. c. d. Et la longueur adioustee soit. d. e. La ligne orthogonale soit. d. f. Maintenant faiz 1/2 cercle sus la ligne. a. e. Sachez que. d. f. est la longueur du quarre contenant le triple du premier ou autant que troys petiz. Comme il appert cy dessoubz en la figure

Nota que par ceste voye lon pourroit mettre en ung tant de quarrez ou de quadrangulaires que lon vouldroit pourveu que les quadrangulaires feussent dune largeur.

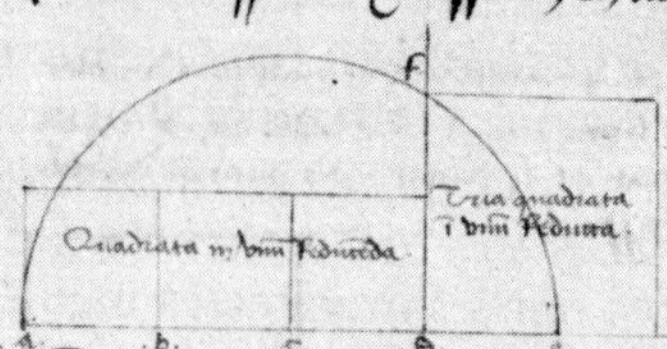

Pour mesurer ung quarre et aussi ung cercle lon peult ainsi besongner. Fais ung cercle et dedans

Petit traité de la pratique de géométrie contenant la manière de mesurer toutes choses.

XVI
Le Moyen Age

Originalité

Guy Beaujouan

ÉMILE NOËL Dans notre dernier entretien, nous avons vu un Moyen Age relativement obscur en matière de science mathématique, héritier d'une science romaine elle-même pauvre, mais fécondée par les littératures grecque et arabe au travers de traductions lacunaires. Ce Moyen Age n'a-t-il pas vu apparaître des personnalités, des individualités? En d'autres termes, la science mathématique n'y était pas totalement anonyme et pauvre. Il doit bien y avoir quelques points originaux?

GUY BEAUJOUAN Effectivement, il y a eu, à la fois, quelques personnalités très originales et, surtout, un certain nombre de problèmes qui furent posés dans un contexte tout à fait nouveau. En ce qui concerne les personnalités originales, le premier nom qui vient évidemment à l'esprit est celui du plus grand mathématicien de tout le Moyen Age latin : Leonardo Fibonacci ou Léonard de Pise. Bien délicat est le tri entre ce qui incombe à son talent et ce qui revient aux influences qu'il a reçues. En effet, ce jeune Italien avait d'abord appris les mathématiques en Algérie dans la boutique d'un épicier près de Bougie; il avait ensuite fait de longs voyages au Moyen-Orient puis en Grèce. A son retour en Italie, il a publié un *Liber abaci* dont la première version date de 1202, mais dont nous ne connaissons maintenant que la réédition de 1228. Ce texte sera la base de la plupart des arithmétiques commerciales (plus vulgarisantes) de l'Italie des XIVe et XVe siècles. Ce n'est pas cependant dans cet épais manuel qu'il faut chercher la plus grande originalité de Léonard, mais bien plutôt dans ses réponses à des défis mathématiques lancés, aux environs de 1225, à la cour de l'Empereur Frédéric II de Hohenstaufen. C'est ainsi que, dans son *Liber quadratorum,* Léonard résout le problème suivant : trouver un carré parfait, c'est-à-dire le carré d'un nombre entier ou fractionnaire qui, augmenté ou diminué de 5, reste un carré parfait. Cet ouvrage est d'une grande subtilité, mais la question des cheminements selon lesquels Diophante a influencé Fibonacci n'est pas encore complètement clarifiée. Dans un autre traité, la *Flos,* également lié à un semblable défi, Léonard de Pise donne la racine positive d'une équation du 3e degré $x^3 + 2x^2 + 10x = 20$. Malheureusement, il ne nous indique pas par quel cheminement il a calculé cette racine positive. Comme la même équation se retrouve dans l'algèbre d'al-Khayyâm qui pourtant n'était pas traduite en latin à cette époque, il est, là aussi, malaisé de déterminer la part d'originalité et la part d'influence arabe. Ceci n'empêche pas que si nous avions le temps d'entrer dans les détails, nous serions obligés de reconnaître Léonard comme étant incontestablement le plus grand mathématicien du XIIIe siècle. Son nom est, du reste, lié à cette fameuse série additive 0, 1, 1, 2, 3, 5, 8, etc. qu'il utilise pour calculer la progéniture d'un couple de lapins.

ÉMILE NOËL A vous entendre, Léonard de Pise serait isolé?

GUY BEAUJOUAN Non, il existe aussi, au XIIIe siècle, un autre très grand mathématicien connu sous le nom de Jordanus Nemorarius, mais dont, malheureusement, la biographie nous est totalement inconnue. Tout au plus savons-nous qu'il a vécu dans la première moitié du XIIIe siècle. Il occupe, dans l'histoire des sciences, une place très importante par ses découvertes sur la statique. On lui doit, à lui-même ou à l'un de ses élèves, la découverte et la démonstration des lois du levier coudé et de l'équilibre sur un plan incliné. Ce qui caractérise, en un mot, l'œuvre de Jordanus, c'est son enthousiasme pour la démonstration euclidienne. Il le manifeste dans ses *Éléments d'arithmétique* ou encore dans son *Traité sur les triangles.* Son œuvre la plus originale est, sans doute, son algèbre intitulée *« Des nombres donnés » (De numeris datis).* Si l'on compare cette œuvre aux autres algèbres accessibles au début du XIIIe siècle, on est frappé de ce quelle fait beaucoup moins appel à la visualisation géométrique. Elle se présente sous une forme plus analytique et plus abstraite. Elle cherche à éviter les formulations rhétoriques qu'impliquait l'emploi continuel de mots comme racine, chose, *census,* etc. : elle y parvient par un très large emploi du symbolisme alphabétique. En cela, elle va dans une direction qui est celle du symbolisme, évidemment beaucoup moins pesant, de François Viète. En effet, Jordanus est amené à multiplier l'emploi des lettres, même pour désigner des quantités de même valeur. Surtout, son système alphabétique ne différencie pas les inconnues des nombres donnés. Il n'en reste pas moins que tous les historiens de l'algèbre reconnaissent, avec raison, que c'est un pas important dans la direction de Viète et une œuvre peut-être lourde, mais vraiment très originale.

ÉMILE NOËL Nous voyons donc apparaître au XIIIe siècle un certain nombre d'individualités, un comportement scientifique individualisé qui se manifeste en petites cellules. On est en droit de se demander s'il y a une véritable continuité entre la science qui vient des Grecs et des Arabes et ce qui, dans quelques siècles — dans très peu de temps finalement — va devenir ce qu'on appelle la Renaissance?

GUY BEAUJOUAN Le problème que vous soulevez dépasse l'histoire des mathématiques pour se poser à l'ensemble de l'histoire des sciences. Le XIIe siècle, nous l'avons vu, a été une période de réception massive de la science gréco-arabe; à partir du XIIIe siècle, les universités nouvellement fondées vont être une sorte de haut-parleur, d'amplificateur diffusant cette science nouvelle. Au début du XIIIe siècle, apparaît un tout petit nombre de fortes individualités isolées comme Léonard de Pise ou Jordanus Nemorarius. Au fur et à mesure que l'enseignement universitaire va se structurer et que la scolastique va augmenter son emprise, la part des individualités sera moins grande et la manière de poser les problèmes exercera une influence plus déterminante. On le voit bien à propos de l'une des préoccupations fondamentales de la science médiévale, je veux parler de la mathématique des proportions.

J'emploie le mot proportion, non dans le sens de l'égalité de deux rapports, mais dans le sens médiéval comme lorsque l'on parle de proportion double, de proportion sesquitierce (4/3) etc. Les savants du Moyen Age sont imbus de la terminologie euclidienne, selon laquelle, lorsqu'une proportion *a/b* est égale à une proportion *b/c,* la proportion *a/c* est dite « double » de la proportion *a/b*.

Ainsi les mots « doubler », « tripler », se réfèrent-ils à l'élévation au carré ou au cube des rapports correspondants. Les mathématiciens du Moyen Age ont, d'autre part, été fortement influencés par la théorie médicale, inspirée du philosophe al-Kindi, quant à la graduation des médicaments. On considérait qu'un médicament atteignait les degrés 1, 2, 3, 4 lorsque le rapport de ses qualités opposées (chaud ou froid, humide ou sec) atteignait lui-même les proportions double, quadruple, octuple, sédécuple. C'est dire que l'attention était focalisée, comme du reste chez les musiciens, sur le parallélisme entre progression arithmétique et progression géométrique. Vers 1328, un savant oxfordien, Thomas Bradwardine, s'est trouvé confronté aux difficultés de la formule aristotélicienne selon laquelle la vitesse est en raison de la force et en raison inverse de la résistance. Pour échapper aux contradictions de cette prétendue loi aristotélicienne, il a imaginé une formule selon laquelle la vitesse croîtrait selon une progression arithmétique, lorsque le rapport force/résistance croîtrait selon une progression géométrique. Cette loi de Bradwardine, comme la graduation des remèdes composés, posait évidemment le problème de calculer, dans la série géométrique, quelle était la proportion correspondant à telle ou telle fraction de degré de l'échelle arithmétique. C'est ainsi que, aux environs de 1350, Nicole Oresme a été conduit à inventer les exposants fractionnaires et à trouver, pour eux, des symboles qui sont, du reste, pour nous un peu déroutants, dans la mesure où chez lui, l'exposant précède la base, au lieu de la suivre. Nicole Oresme, dans cette voie, ne s'est pas arrêté là. Il a même imaginé des exposants irrationnels, s'engageant dans des considérations, peut-être un peu fragiles, de probabilités. Il a posé que l'irrationalité était beaucoup plus fréquente et probable que la rationalité; dès lors, au terme d'une analyse assez subtile tant sur le plan mathématique que sur le plan philosophique, il a prétendu en tirer des conclusions qu'il aurait voulu décisives, sur l'incommensurabilité des mouvements célestes et partant sur l'absurdité de l'astrologie.

ÉMILE NOËL C'est donc un inventeur : c'est lui qui trouve et utilise les exposants fractionnaires. Mais je crois qu'on lui attribue aussi quelque découverte dans ce que nous appellerions la géométrie analytique?

GUY BEAUJOUAN C'est tout à fait exact. Vous faites allusion à ce que lui-même appelle « configuration des qualités ». Il procède de la manière suivante : horizontalement, il porte l'extension spatiale de la qualité ou le temps; verticalement, il porte l'intensité de la qualité, c'est-à-dire, dans le cas du mouvement, la vitesse (celle-ci étant considérée comme la qualité plus ou moins intense du mouvement). Ce faisant, Nicole Oresme obtient un certain nombre de surfaces. Dans le cas d'un mouvement, c'est-à-dire s'il a porté horizontalement le temps et verticalement la vitesse, cette surface est un rectangle dans le cas d'un mouvement uniforme; elle est un triangle rectangle ou

Nicole Oresme au travail.

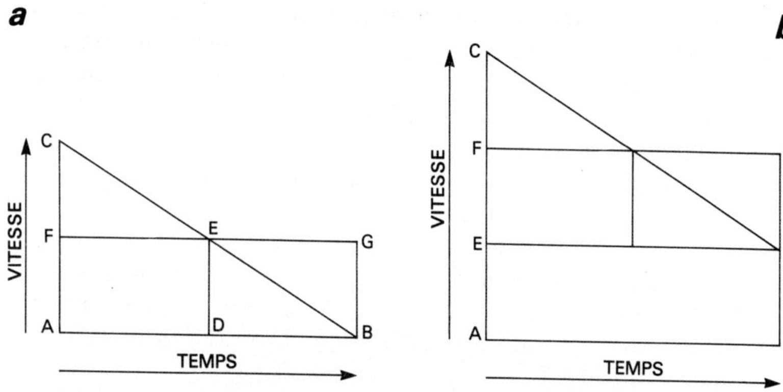

Démonstration de la loi du mouvement uniformément varié. Sur la figure a, si D est le milieu de AB, l'aire du triangle BAC donnant l'espace parcouru d'un mouvement uniformément varié, est égale à l'aire du rectangle AFGB (produit de la vitesse moyenne par le temps). De même, sur la figure b, l'aire du trapèze ACDB est égale à celle du rectangle AFGB.

un trapèze rectangle dans le cas d'un mouvement uniformément varié. Nicole Oresme considère que la surface ainsi délimitée représente ce qu'il appelle la qualité totale, cette totalité de la qualité étant l'espace parcouru lorsqu'il est question du mouvement et de la vitesse. Chacun sait que cette manière de procéder est utilisée par Oresme pour géométriser ce qu'on appelle la loi mertonienne du mouvement uniformément varié, c'est-à-dire la loi selon laquelle, en un temps donné, un mobile mû d'un mouvement uniformément varié parcourt le même espace que s'il était mû d'un mouvement uniforme à une vitesse moyenne entre la vitesse initiale et la vitesse finale du mouvement uniformément varié. Il est, d'ailleurs, à observer que la démonstration géométrique d'Oresme est exactement la même que celle qu'utilisera Galilée (mais pour un cas concret, celui de la chute des graves). Face à ce genre de démonstration géométrique, on a évidemment eu l'idée tout à fait raisonnable de faire d'Oresme un précurseur de la géométrie analytique de Descartes. Il convient cependant d'être sensible aux différences. Oresme ne se réfère pas, lui, à une courbe en relation à un système de coordonnées. Ce qui l'intéresse, c'est la totalité de la figure; il est remarquable qu'il prétende tirer de cette forme globale de la figure un certain nombre d'indications sur la structure même des qualités et sur la réceptivité des sujets à l'égard de ces qualités. Une fois de plus, nous nous trouvons confrontés à cette problématique des précurseurs qui ne doit pas nous amener à un anachronisme psychologique rajeunissant trop la pensée d'Oresme pour en faire déjà une pensée du XVIIe siècle.

ÉMILE NOËL Cela dit, sans tomber dans le piège que vous signalez, on peut constater qu'un certain nombre de points importants ont été établis — et qu'il y a même eu des découvertes — au cours du Moyen Age. Est-ce que nous venons de faire, là, l'inventaire complet, ou bien y a-t-il encore d'autres choses, dans d'autres domaines qu'aurait apportées cette période postérieure au XIIe siècle?

GUY BEAUJOUAN Cet inventaire n'est évidemment pas complet. Si j'en avais le temps, toujours d'ailleurs à propos d'Oresme, je pourrais exposer ses efforts en ce qui concerne les sommations de séries. Plus extraordinaires sans doute, mais beaucoup plus délicates à analyser brièvement sont les spéculations du Moyen Age concernant l'infini, la notion de limite, les spéculations sur le sens du mot « partie » et du mot « tout ». Certains historiens des sciences, tout à fait enthousiastes, sont allés jusqu'à affirmer que le Moyen Age était arrivé, en ce domaine, à un degré de subtilité qui ne sera retrouvé et dépassé qu'avec les travaux de mathématiciens comme G. Cantor et R. Dedekind.

En conclusion, nous avons vu que, bien sûr, le grand mérite du Moyen Age a été celui de la réception active de la science gréco-arabe, mais que sur certains problèmes particuliers, les savants médiévaux ont été capables d'une certaine créativité. Quel que soit mon enthousiasme pour le Moyen Age, force est de reconnaître que ces secteurs d'inventivité sont relativement limités.

Même dans le domaine des mathématiques, on serait cependant bien injuste de parler d'une stérilité du Moyen Age. Ce serait, me semble-t-il, aussi absurde que de dire qu'une femme enceinte attendant son premier enfant est une femme stérile!

BIBLIOGRAPHIE

CHAPITRES 1, 2, 3, 4, 7 et 8.

DEDRON et ITARD, *Mathématiques et mathématiciens,* Magnard, Paris 1969.
Histoire générale des Sciences publiée sous la direction de R. Taton, Tome I : *La science antique et médiévale, des origines à 1450.* Paris, P.U.F. 1957, 2e édition.
G. GUITEL, *Histoire comparée des numérations écrites,* Flammarion, Paris, 1975.
R. TATON, *Histoire du calcul,* Coll. Que sais-je (P.U.F.) n° 198, 1961.
R. TATON, *Le calcul mental,* Coll. Que sais-je (P.U.F.) n° 605.
M. RUTTEN, *La science des Chaldéens,* Coll. Que sais-je (P.U.F.) n° 893.
P.H. MICHEL, *De Pythagore à Euclide. Contribution à l'histoire des mathématiques préeuclidiennes,* Paris 1950, Les Belles Lettres.
J. ITARD, *Les livres arithmétiques d'Euclide,* Hermann, Paris 1961.
B.L. VAN DER WAERDEN, *Science awakening,* Groningen 1954.

CHAPITRES 5 et 6

Archimède, Traduction française de Ch. Mugler, Collection des Universités de France, Budé, Les Belles Lettres, 1970.
Les Œuvres complètes d'Archimède, I, II, Paris, 1959, P. ver Ecke, Blanchard (réédité).
T. HEATH, *The works of Archimède,* Cambridge, 1897, Supplément 1912.
DEDRON-ITARD, *Mathématiques et mathématiciens,* Magnard.
M. KLINE, *Mathematical Thought from Ancient to Modern times,* New York, Oxford University Press, 1972.
A. DAHAN, JEANNE PEIFFER, *Routes et Dédales,* Axes, Études vivantes, Paris.
Apollonius (œuvres), traduction par P. ver Ecke (nouveau tirage chez Blanchard, Paris), 1924.
J. DHOMBRES, *Nombre, mesure et continu,* Nathan, 1978.
N° spécial « Le Petit Archimède » : consacré au nombre π.

CHAPITRE 9

Dictionary of scientific biography (Ch. Coulston Gillipsie ed.), New York Charles Scribner, 1970. Consulter les articles consacrés à Liu Hui (IIIe siècle) ainsi qu'à Chu Shih-chieh, Li Chih, Ch'in Chiu-shao et Yang hui (XIIIe siècle).
G. GUITEL, *Histoire comparée des numérations écrites,* Flammarion (1975).
J. HOE, *Les systèmes d'équations polynômes dans le Siyuan Yujian (1303),* Mémoires de l'Institut des Hautes Études chinoises, Paris (1977).
G. IFRAH, *Histoire universelle des chiffres,* Seghers, Paris (1981).
LAM LAY YONG, *A critical study of the Yang Hui suan fa,* Singapore University Press (1977).
U. LIBBRECHT, *Chinese mathematics in the thirteenth century. The Shu-shu chiu-chang of Ch'in Chiu-shao,* Cambridge/Mass., London (1973).
J.C. MARTZLOFF, *Recherches sur l'œuvre mathématique de Mei Wending (1633-1721),* Mémoires de l'Institut des Hautes Études Chinoises, Paris (1981), Prix Stanislas Julien 1982.
MIKAMI YOSHIO, *The development of mathematics in China and Japan,* Leipzig

(1913), réimpression Chelsea, New York (1961).
J. NEEDHAM, *Science and civilisation in China,* Vol. III, Cambridge (1959).
VAN DER WAERDEN, *Geometry and algebra in ancient civilisations,* Springer-Verlag, Berlin (1983).

CHAPITRE 10

A.K. BAG, « The knowledge of geometrical figures, instruments and units in the Sulbasutras », East and West, 21, 1971, pp. 111-119.
A.K. BAG, *Mathematics in Ancient and Medieval India,* Bénarès, Chaukhambha Orientalia, 1979.
R. BILLARD, *L'Astronomie indienne,* Paris, École française d'Extrême-Orient, 1971.
D.M. BOSE, S.N. SEN, B.V. SUBBARAYAPPA, *A Concise History of Science in India,* New Delhi, Indian National Science Academy, 1971.
G. CHAKRABARTY, « Typical problems of hindu mathematics », *Annals of the Bhandarkar Oriental Research Institute,* 14, 1933, pp. 87-102.
B. DATTA, « The jaina school of mathematics », *Bulletin of the Calcutta Mathematical Society,* 21, 1929, pp. 115-145.
B. DATTA, *The Science of the Sulba,* a study in early hindu geometry, University of Calcutta, 1932.
B. DATTA, A.N. SINGH, *History of Hindu Mathematics, a source book,* Bombay, London, Asia Publishing House, 1962.
P.S. FILLIOZAT, « Les Veda et la rationalité hindoue », *Science et Avenir,* numéro spécial 42, 1983, pp. 70-77.
R.C. GUPTA, « Second order interpolation in indian mathematics up to the fifteenth century A.D. », *Indian Journal of History of Science,* 4, 1969, pp. 86-98.
G. MAZARS, « La notion de sinus dans les mathématiques indiennes », *Fundamenta Scientiae,* 15, 1974, pp. 1-23.
D.D. MEHTA, *Mathematics in the Vedas,* New Delhi, Academy of Vedic Researches, 1959.
T.A. SARASVATI AMMA, *Geometry in Ancient & Medieval India,* Delhi, Motilal Banarsidass, 1979.
K.S. SHUKLA, K.V. SARMA. *Aryabhatiya of Aryabhata* critically edited with Introduction, English translation, Notes, Comments and Appendices, New Delhi, Indian national Academy, 1976.
A.N. SINGH, « History of mathematics in Indian from Jaina sources », *Jaina Antiquary,* 15, 1949, pp. 46-53; 16, 1950, pp. 54-69.
C.N. SRINIVASIENGAR, *The history of ancient indian mathematics,* Calcutta, World Press, 1967.

CHAPITRES 11 A 14

E.S. KENNEDY, *Studies in the islamic exact sciences,* Beirut, 1983.
R. RASHED, *Entre Arithmétique et Algèbre : Recherches sur l'histoire des mathématiques arabes,* Belles Lettres, Paris, 1984.
A. YOUSCHKEVITCH, *Les mathématiques arabes,* Vrin, 1976.

CHAPITRES 15 ET 16

G. SARTON, *Introduction to the History of Science* (Baltimore, 1927-1948, 3 vol. en 5) : va jusqu'à la fin du XIVe siècle.
A.C. CROMBIE, *Augustine to Galileo* (London, Heinemann, 1980 = réimpr. de l'éd. de 1970). Trad. fr. d'une précédente éd. : *Histoire des sciences de saint Augustin à Galilée* (Paris, P.U.F., 1959).
G. BEAUJOUAN, *La Science dans l'Occident médiéval chrétien,* dans *Histoire générale*

des sciences, dir. R. Taton, t. I (Paris, P.U.F., 1966).
Science in the Middle Ages, dir. D.C. Lindberg (Chicago, University of Chicago Press, 1978).
E.G. GRANT, *A source book in medieval Science* (Cambridge Mass., Harvard University Press, 1974).
Dictionary of scientific biography, dir. Ch. C. Gillispie (New York, Scribner, 1970-1978, 14 vol. + 2 suppl.) : excellentes mises au point, notamment sur l'Euclide médiéval, Khârizmî, Fibonacci, Jordanus de Nemore, Bradwardine, Oresme, Levi ben Gerson, Chuquet).
D.E. SMITH, *History of mathematics* (1925; rééd. New York, Dover, 1958).
A.P. JUSCHKEWITSCH = YOUSCHKEVITCH, *Mathematik im Mittelalter* (Leipzig, Teubner, 1964) : n'a que été partiellement traduit en français : *Les mathématiques arabes* (Paris, Vrin, 1976).
G. IFRAH, *Histoire universelle des chiffres* (Paris, Seghers, 1981).
Renaissance and renewal in the twelfth century, ed. by R.L. Benson and G. Constable (Cambridge Mass., Harvard Un. Press, 1982) notamment G. Beaujouan, *The transformation of the quadrivium.*
M. CLAGETT, *Nicole Oresme and the medieval geometry of qualities and motions* (Madison, Un. of Wisconsin Press, 1968).
JORDANUS DE NEMORE *de numeris datis,* ed. B.B. Hughes (University of California Press, 1981).
The cultural context of medieval learning, ed. by J. Murdoch and E. Sylla (Dordrecht Hollande, Reidel, 1975) notamment G. Beaujouan, *Réflexions sur les rapports entre théorie et pratique au Moyen Age.*

RÉFÉRENCES DES ILLUSTRATIONS

T.C. et N. Barger (*Aube de l'humanité,* Bibliothèque *Pour la Science*) : p. 8 — Belin (coll. J.-L. V.) : pp. 40, 63, 65 — BN : pp. 52, 91, 137, 143, 147, 162, 182, 187 — BNU, Strasbourg : p. 131 — Bibliothèque de l'Université de Leyde : pp. 151, 158 — British Museum (*Scientific American,* septembre 1964) : p. 18 — Cambridge : p. 120 — J. Egleson (*Scientific American*, septembre 1964) : pp. 70-71 — D'après l'*Histoire générale des Sciences,* P.U.F. : pp. 21, 127 — D'après l'*Histoire universelle des chiffres* de Georges Ifrah, éd. Seghers : p. 122 — I. Geis (*Scientific American,* septembre 1964) : p. 39 — Giraudon : pp. 55, 103 — A.D. Iselin (*Pour la Science,* avril 1984) : pp. 11, 13 — Jacana-Winner : p. 98 — Kasan : p. 168 — J. Khul (*Scientific American,* novembre 1973) : p. 96 — E.R. Lacheman (*Pour la Science,* août 1978) : p. 6 — R. Morse (*Pour la Science,* juin 1979) : p. 106 — *Pour la Science,* septembre 1983 : p. 47 — Roger Viollet : pp. 42, 44, 104 — Science Museum : p. 124 — Wellcome Institute Library, London : p. 128 — I. Worpole (*Pour la Science,* février 1983) : p. 84.

Aubin Imprimeur
LIGUGÉ, POITIERS

Achevé d'imprimer en décembre 1994
N° d'édition 0533-04 / N° d'impression L 48185
Dépôt légal décembre 1994 / Imprimé en France